KB036708

하버드맘의 공부 수업

HARVARD

예민한 첫째와 무기력한 둘째에게
공부 자신감을 심어주기까지의 과정들

하버드맘의 공부수업

✦ 장혜진 지음 ✦

"엄마는 끊임없이
내 이야기를 들어주었습니다"

윤소현(하버드 졸업생)

가나

✦ 추천사 ✦

내가 자라면서
보고, 듣고, 배운
엄마의 교육 철학이
그대로 담긴 책

나는 엄마와 산책하며 엄마의 말랑말랑한 팔뚝 살을 만지작거리길 좋아합니다. 세상에 그보다 더 부드러운 촉감을 어디서 느낄 수 있을까요. 하지만 돌아보면 엄마는 결코 나에게 말랑말랑하기만 한 사람은 아니었습니다. 가끔 엄마가 커다란 눈망울로 매섭게 쏘아보거나 우렁찬 목소리로 옳고 그름을 가르칠 때는 감히 대항할 엄두조차 나지 않았습니다. 그렇지만 나는 결코 엄마를 멀리하지 않았습니다. 엄마는 늘 내 이야기를 들어주었기 때문입니다. 엄마는 내가 성차별 때문에 힘들어하고 혼란을 겪을 때 용기를 주는 동지였고, 편하게 고민을 털어놓을 수 있는 친구였습니다. 남자친구 이야기부터 진로에 대한 고민까지 인생 선배로서 진심 어린 조언을 해줬습니다. 조바심내는 나를 다독여 안심시켜줬습니다. 그러면서도 직장일에 소홀하지 않고 멋지게 사회생활을 해내는 나의 롤 모델이기도 했습니다. 그런 엄마가 딸의 입시 성공을 내세워 글을 쓰겠다고 했을 때 나는 잠시 엄마를 의심했습니다.

'하버드'는 단지 대학교 이름이 아닌 경쟁이나 성공을 갈음하는 단어이기 때문에 책을 읽는 사람들에게 경쟁을 부추기고 성공을 좇게 하려는 게 아닐까 하는 생각이 들었습니다. 경쟁에 지친 아이들을 더욱 다그쳐서 공부에 매달리게 하라는 글일까 봐 두려웠습니다. 엄마는 나에게 타인과의 경쟁보다 상생을 강조했고 공부 잘한다고 반드시 사회적 성공을 이룰 것도 아니며, 부와 명예를 행복과 같은 의미로 보지 말라고 가르쳐놓고 새삼스레 명문대학교 진학을 미화하는 글을 쓴다면 어떻게든 만류하고 싶었습니다.

솔직히 말하자면 나는 하버드라는 학벌 덕분에 사람들로부터 쉽게 주목받고, 하고 싶은 말을 할 기회를 얻게 되었습니다. 하지만 억울한 일이 있어도, 주장할 것이 있어도 아무도 들어주지 않아 힘들어하는 사람이 많다는 걸 알기 때문에 내 목소리를 함부로 내고 싶지 않았습니다. 그래서 엄마가 그런 책을 낸다면 두고두고 마음이 편치 않을 것 같았습니다.

그런데 엄마가 쓴 글의 첫 번째 독자가 된 후 마음이 바뀌었습니다. 엄마의 글은 내가 자라면서 보고 듣고 배운 엄마의 교육 철학을 그대로 담고 있었습니다. 잘 팔리는 책을 만들겠다고 가식을 보태거나 시류에 편승하는 글이 아니라서 다행이었습니다. 엄마는 경직된 '꼰대'가 아닌, 말랑말랑한 젊은이처럼 말하고 있었습니다. 엄마가 아직 늙지 않았다는 것을 확인하니 반가웠습니다. 엄마는 나와 동생이 전하는 '요즘' 이야기에 귀 기울이고, 여느 젊은이 못지않게 다양한 분야의 책을 읽고 세상일에 관심을 둡니다. 그런 덕분에 엄마는 계속 성장하며 앞으로 나아가고 있었습니다.

이 책을 읽는 분들은 어린 자녀가 공부를 잘하게 되는 법, 세계 명문대학교가 원하는 인재상, 미래에는 어떤 사람이 성공하게 될 것인지에 대한 정보를 얻게 될 것입니다. 하지만 이 책을 천천히 곱씹으며 읽다 보면 자녀를 건강한 사회인으로 키우는 철학을 얻게 될 게 분명합니다. 캐나다와 한국, 미국, 영국에서 치열한 경쟁 속에 살아 보니 세상살이에 진짜 중요한 요소는 역시 공부나 학력이 아니었습니다. 그 비결이 이 책에 정리되어 있으니 꼭 읽어보시길 바랍니다. 나도 엄마처럼 천천히 바르게 나가는, 부드럽지만 강한 어른이 되고 싶습니다.

나는 지금 코로나 때문에 로스쿨 진학을 늦추고 계획에 없던 박사학위를 받기 위해 논문에 매달리고 있습니다. 하지만 조바심

내지 않고 앞으로 나가기 위해 노력하는 중입니다. 모두 엄마 덕분입니다. 이 글을 읽는 여러분도 편안한 시간을 마주하게 되길 바랍니다.

옥스퍼드에서

윤소현

✦ 프롤로그 ✦

게으르고 느긋한 엄마가 조바심 많은 큰딸과 자신감 없는 작은딸을 키우며 알게 된 것들

1993년에 결혼한 후 두 아이의 엄마가 되었습니다. 2001년에 캐나다로 이민 갔다가 한국으로 돌아오고 또다시 캐나다로 갔다가 다시 한국으로 돌아왔습니다. 그사이 우연히 발을 들인 이민, 유학 대행 업무를 천직 삼아 무수히 많은 고객을 만나며 세상의 이치를 깨닫고 '인생'을 배웠습니다. 고단했지만 내 자식을 어떻게 기를 것인지 혜안을 얻는 시간이었습니다. 아이들도 바다를 건너는 이사를 여러 차례 반복하며 새로운 생활에 적응하느라 힘든 시간을 보내야 했습니다. 그러나 지나고 보니 그 모든 부침이 단련의 과정이었다는 것을 알게 되었습니다.

2013년 겨울, 경쟁이 치열한 특목고에서 지난한 입시경쟁을 치른 큰딸에게 하버드 대학교 합격 소식이 날아들었습니다. 합격을 기대하고 지원한 것이 아니었던 터라 주변의 축하에 얼떨떨하기만 했습니다.

그리고 8년의 세월이 지났습니다. 그사이 큰딸은 하버드를 좋은 성적으로 졸업하고 변호사가 되겠다고 로스쿨에 지원해 몇 곳에 합격했습니다. 하지만 돌연 영국의 옥스퍼드 대학교 대학원으로 진학해 2021년 현재 박사 논문을 마무리하고 있습니다. 딸의 바람대로라면 2021년 9월에는 예일대학교 로스쿨에 진학하기 위해 다시 미국으로 돌아갈 것입니다.

공부 잘하는 딸을 둔 나는 예상 밖의 주목을 받기도 했습니다. 생전 처음으로 딸 덕분에 신문에 얼굴이 실리기도 했고, 출판사 두어 곳에서 출간 제의도 들어왔습니다. 주변 지인이나 고객들이 '비결'을 묻는 일은 일상이었습니다. 한국 교육의 과한 열기와 결과중심주의를 탐탁지 않아 하면서도 나는 한동안 어깨가 으쓱하고 주목받는 것을 즐기기도 했습니다. 하지만 하버드 합격이 대단한 성공도 아니고 명문대학교 간판이 행복을 보장하지도 않는다는 것을 잘 알고 있었습니다. 게다가 잘했다고 내세울 만한 경험담도 없어서 나는 출판사의 권유를 미루고 딸들의 성장을 조용히 지켜봤습니다.

그런데 어린 조카를 키우고 있는 동생들이 나에게 종종 고민을 털어놓았어요. 그럴 때마다 내 경험을 토대로 어쭙잖은 조언을 해주었습니다. 아이가 공부하고자 하는 동기를 찾으려면 어떻게 해야 하는지, 공부보다 더 중요한 가치는 무엇인지, 미래 인재는 지금과 어떻게 달라질 것인지 이야기해주었습니다. 죽어라 공부만 해서 하버드에 간 줄 아는 큰딸이 사실 공부보다 더 많은 열정을 쏟아 부은 것이 무엇인지, 공부로 주목받아본 적 없는 작은딸이 공부에 자신감을 느끼게 되는 과정이 어떠했는지 시시콜콜하게 들려주었습니다. 그제야 내가 육아와 교육의 선배로서 동생들에게 들려줄 이야기가 많다는 것을 깨달았습니다. 그래서 그 이야기를 책으로 쓰기로 결심했습니다.

나는 교육 전문가가 아니므로 명문화된 이론을 들먹일 지식은 없습니다. 아이들을 키우며 함께 성장한 '엄마'일뿐입니다. 다만 어릴 때부터 책을 읽으며 막연하게나마 삶을 대하는 통찰을 키워왔습니다. 그리고 미국과 한국, 캐나다의 교육시스템과 교육 방식을 경험하며 교육적 소신을 갖게 되었습니다. 덕분에 대부분의 한국 사람들과 같은 길을 가면서도 맹목적으로 따라가지 않고 조금씩 벗어날 용기를 갖게 되었습니다.

그런데 절대로 변하지 않을 것 같던 한국식 교육 목표와 방식이 예상보다 빨리 변하고 있습니다. 그 지향점이 내가 멋모르고 실행했던 교육 방식과 맞닿아 있습니다. 일방적인 주입식 교육보다 문제 해결 능력을 중시하고, 공부만 잘하는 학생보다 전공 적합성과 경험을 중시하기 시작했습니다.

대학교는 정부 정책의 변화를 따라잡느라 바쁜 것 같지만 시험 점수로만 학생을 선발하는 입시전형으로부터 탈피하려는 노력을 계속하고 있습니다. 직장이나 사회에서 요구하는 인재상이 변하고 있기 때문입니다. 대기업들이 공채를 포기하고 '개인의 경험'에 중점을 두는 채용방식을 채택하는 것만 봐도 그 변화를 감지할 수 있습니다.

수동적이고 공부만 잘하는 사람보다 인성도 좋고 사회적 관계 맺기에 능숙하면서도 창의적인 인재가 대우받는 사회로 빠르게 변하고 있습니다. 하지만 아직 공교육은 그 변화 속도를 따라잡지 못하고 있습니다. 그래서 더욱 가정교육이 중요한 시대가 되었습니다. 부모는 시대적 가치관보다 한발 앞선 눈으로 자녀를 교육해야 합니다. 자녀가 미래 사회에서 도태되지 않고, 사회를 이끌어갈 인재로 자라길 바란다면 말이에요.

이 책은 게으르고 느긋한 엄마가 조바심 많은 큰딸과 자신감 없는 작은딸을 키우면서 겪은 일, 살면서 터득한 가치관에 관한 이야기입니다. 하지만 내가 책에서 말하고자 하는 내용은 미래 인재가 갖춰야 할 덕목에 관한 것입니다. 심리적으로 안정되고, 스스로 동기 부여를 할 줄 알고, 건강한 관계 맺기에 필요한 가치관을 가진 자녀로 길러내고 싶은 부모가 읽기를 바랍니다. 또한, 진로에 갈피를 잡지 못하고 혼란스러운 시간을 보내고 있는 모든 분에게 작은 힌트가 되는 책이었으면 좋겠습니다.

그리고 언제 부모가 될지 모르지만 어떤 생각을 하며 살아가야 할지, 세상에 중요한 것이 무엇인지 궁금한 내 딸들에게 이 책을 권합니다.

장혜진

차례

2장 ✦ 무엇이 아이를 특별하게 만드는가

3장 ✦ 공부 잘하는 아이는 어떻게 만들어지는가

5장 ✦ 불안한 세상을 헤쳐나가는 법

H A R V A R D

✦ 1장 ✦

부모와 아이는 한 팀입니다

아이의 타고난 성향은 모두 다릅니다

'사람은 모두 자기 밥그릇을 갖고 태어난다'는 말이 있습니다. 가난하던 시절, 딸린 식솔은 많고 벌이는 변변치 않아 자식 밥 굶길까 걱정하는 부모들을 위로하는 말이었습니다. 아무리 곤궁한 처지에 빠지더라도 굶어 죽지는 않을 거라는 긍정적인 의미이기도 하지만, 타고난 밥그릇에 따라 아무리 노력해도 사회적 위치나 환경을 거스를 수 없다는 의미도 담겨 있습니다. 요즘 흔히 회자하는 흙수저, 금수저의 원조 격인 말입니다.

계급에 따라서 차별이 심했던 몇백 년 전보다야 현대 사회가 더 공평하겠지만 지금도 부모가 어떤 사람이냐에 따라 자식의 미래가 결정되는 경우가 많습니다. 잘난 사람, 능력 있는 사람, 많이 가진 사람과 그렇지 못한 사람이 같은 자리를 두고 다투어야 하기 때문에 경쟁은 더 치열해졌습니다. 대한민국의 많은 부모는 자녀 교육에 있어서 오로지 한 가지 목표만 바라보고 있는 것 같습니다. 좋은 대학교, 좋은 전공, 다같은 미래를 꿈꾸다 보니 학교 성적과 입시 결과가 아이들을 승자와 패자로 나누는 기준이 되었습니다.

거의 모든 아이가 제도화된 교육 환경 속에서 학교에 갑니다. 비슷한 구조의 집에서 비슷한 모양의 장난감을 가지고 놀고 심지어 같은 학원에 가죠. 모두 같은 목표를 놓고 경쟁을 합니다. 그러니 가장 합리적이고 효율적으로 목표를 달성하려면 최소한 남들과 같은 수준의 노력을 해야 한다고 믿습니다.

하지만 따져 보면 '나'는 그들과 다른 사람입니다. 살아온 배경과 타고난 유전적 기질, 신체적 조건, 어느 것 하나 같은 것이 없습니다. 타고난 밥그릇의 크기도, 모양도, 재질도 다르다는 뜻입니다.

자녀가 가지고 태어난 밥그릇이 다른 집 아이들 것과 다르다는 것을 솔직하게 인정하는 데서 제대로 된 자녀교육이 시작됩니다. 아이의 특성과 기질, 장단점을 정확하게 파악하고 잘하는 것을 더 잘하도록 도와줘야 합니다. 그러자면 먼저 부모인 내가 누구인지 알아야 합니다. 왜냐하면, 지금의 나를 보면 내 자식이 어떻게 자랄 것인지 알 수 있기 때문입니다. 지금 내 모습이 나중에 내 자녀의 모습일 확률이 높습니다. 만약 내 자녀가 지금의 나와 다른 삶을 살기 바란다면 내가 변해야 합니다. 그러기 위해서는 나를 돌아봐야 합니다. 나의 가치관은 건강한지, 아이를 양육하는 데 큰 문제는 없는지, 있다면 어떻게 보완해야 하는지 말입니다.

큰딸은 유년기에 예민하고 겁이 많은 탓에 분리불안이 있었어요. 어린이집에 가지 않으려 떼쓰는 통에 매일 실랑이로 하루를 시작했습니다. 중학교 때까지도 친구 사귀기를 어려워했고, 영악한 친구에게 휘둘려 마음에 상처를 입기도 했습니다. 어릴 때부터 지능이 높다거나 눈에 띄게 특별한 영재성을 보이지도 않았습니다. 특히 수학은 좋아하지도 않았고 잘하지도 못했습니다. 다만 책을 통해 얻은 지식을 자랑하는 게 취미로 보일 정도로 어린 나이에도 지적 허세가 있었어요. 호기심이 넘쳐나서 주변 사람들을 귀찮게 할 정도였고, 스스로의 만족을 위해 그 나이에는 읽기 어려운 책을 고집스레 읽기도 했습니다.

작은딸은 그림에 재능이 있는 아이였습니다. 한번 그림을 그리기 시작하면 몇 시간이고 꼼짝 않고 몰입했어요. 유난히 자기 세계에 빠져 혼자 노는 것을 좋아했습니다. 시간 가는 줄 모르고 게임에 빠졌고 텔레비전 예능 프로를 볼 때는 옆에 누가 있거나 말거나 박장대소했습니다. 외모는 아빠와 판박이인데 기질적 특성은 나를 닮아 허약하고 쉽게 무기력해지기도 했어요. 좋아하는 것에 과몰입하는 대신 하기 싫은 것은 쉽게 포기했고 정형화된 학교생활을 좋아하지 않았어요. 말수도 적은 편이었죠.

하나는 콩이라면 다른 하나는 팥이라고 할 만큼 두 딸은 다른 점이 많았어요. 나는 가끔 둘을 합쳤다가 찰흙 빚듯 주물럭주물럭 해서 둘로 나누었으면 좋겠다고 생각했어요. 한 아이의 아쉬운 점과 다른 아이의 과하게 남는 점을 절묘하게 섞어 빚으면 적당하고 무난한 아이가 될 것 같았거든요.

그런데 많은 분이 "어쩜 그렇게 자매가 똑같이 생겼어요?"라며 심지어 쌍둥이냐고 묻기까지 합니다. 묘하게도 다른 사람들 눈에는 형제자매의 닮은 부분과 비슷한 성향만 보이나 봐요. 왜 엄마 눈에는 또렷이 보이는 다른 점이 다른 사람들 눈에는 닮은꼴로 보일까요? 같은 부모의 유전적 기질을 나누어 갖고 태어났고 같은 환경에서 자라다 보니 표정이나 말투, 행동까지 비슷하게 보이는 것 같습니다. 하지만 가까운 곳에서 세심하게 관찰하면 두 아이의 다른 점과 장단점이 명확하게 보입니다.

우리 두 딸은 공교육의 틀 안에서 정형화된 방법으로 교육받았어요. 하지만 성취도도 달랐고 목표와 방향도 완전히 딴판이었어요. 그래서 각자의 개성과 특성을 이해하고 콩은 콩대로, 팥은 팥대로 경작 방법을 달리해야 했습니다.

자매간에 기질이나 성향이 다른 경우는 우리 딸들만이 아니었어요. 한 배에서 났는데도 학습 능력뿐만 아니라 기질과 성향이 완전히 다른 경우도 자주 봤습니다. 태어날 때부터 차이를 보이는 부분도 있지만 자라면서 달라지는 경우도 많습니다. 각자가 맞닥트리는 환경과 기회, 아이들을 대하는 부모의 태도 차이 때문이라고 해요. 즉, 후천적인 영향이 크다는 뜻이겠죠.

우리 딸들도 그랬습니다. 큰딸은 동생이 태어나기 전까지 오롯이 혼자 모든 것을 독차지했어요. 전업주부였던 엄마와 종일 시간을 보내며 책 읽기에 빠져 살았던 기간이 무려 5년이나 됩니다. 게다가 만 5세부터 초등학교를 졸업할 때까지 캐나다에서 지냈습니다. 그곳에서 책을 읽으며 공부머리를 키우고 성취감을 맛보며 공부 습관을 들일 수 있었어요. 큰딸이 기질적으로 공부를 잘하는 능력을 갖추고 태어났는지는 분명치 않아요. 다만 적절한 시기에 적당한 지원을 받으며 기량을 키워간 것은 확실합니다.

작은딸은 유년기부터 큰딸과는 완전히 다른 환경에서 자랐어요. 엄마가 직업을 가지고 바쁜 나날을 보내느라 책은 커녕 일반적인 돌봄도 제대로 받지 못했습니다. 바빠서 텔레비전 앞에 앉혀두고 버려두는 날도 많았습니다.

작은딸의 초등학교 시절은 큰딸과는 완벽하게 반대였어요. 1학년 때 한국으로 돌아와서야 한글을 배우고 방과 후에는 공부방을 전전했습니다. 집에 아무도 없으니 외로움과 무료함을 달래려 핸드폰 게임을 하고 텔레비전을 보며 시간을 보냈어요. 친구들과 어울려 다니느라 정신이 없었죠. 그렇게 작은딸은 점점 우등생과는 거리가 먼 아이가 되어갔습니다.

중학교에 들어간 무렵부터 뒤늦게 공부 습관을 만들고 학습 방법을 바로잡으려 노력했지만 쉽지 않았어요. 나는 작은딸이 큰딸만큼 공부를 하지 못해도 나무랄 수가 없었어요. 모두 내 탓이라고 생각했기 때문이에요. 나는 내 잘못을 인정하고 아이에게 관대하려고 노력했는데, 아이는 엄마가 자신의 학습 능력을 낮잡아보고 기대조차 하지 않은 것으로 생각했던 것 같아요. 그래서 아이도 자신을 믿지 못하고 무기력하고 게으른 아이가 되어갔어요. 하루하루 패배자이자 '아웃사이더'로 살았습니다.

두 딸은 잘하는 것도 다르고 좋아하는 것도 다르고 기질적 특성도 달랐습니다. 유전적, 환경적 영향일 뿐 아이들의 잘못은 아닙니다. 잘하는 것을 칭찬하되 못하는 것을 탓하며 꾸짖을 수 없는 이유입니다. 아이들의 다름이 결국 내가 만든 것이라고 생각하게 된 후 나는 결심한 것이 있어요.

> 둘을 비교하며 한쪽을 꾸짖지 말자.
> 각각 좋아하는 것과 잘하는 것에 집중하도록 도와주자.
> 못하는 것을 잘하게 하려고 시간 낭비하지 말자.
> 두 딸의 차이를 인정하자.

아주 어릴 때부터 큰딸은 종일 책에 빠져 있었고 작은딸은 이젤 앞에 앉아 몇 시간씩 그림을 그렸어요. 큰딸에게는 좋은 책을 많이 읽을 수 있도록 도와줬고, 작은딸에게는 그림 그리기를 포기하지 않도록 신경 썼습니다.

그 결과 큰딸은 책 읽기를 통해 공부머리를 키웠고 책상에 앉아 집중하는 습관과 자신에게 맞는 공부법을 찾았습니다. 그리고 우등생이 되었죠. 작은딸은 고등학교에서 미술을 전공했고 지금은 건축디자인을 공부하고 있습니다. 경쟁이 치열한 학교에 다니고 있지만, 다행히 견딜 만하다고 해요. 좋아하는 분야라서 그런 듯합니다.

부모에게 자식은 평생을 함께하는 동반자이자 팀원입니다. 부모는 아이의 특성을 파악하고 좋아하는 것과 싫어하는 것을 알아채고 각자의 능력을 마음껏 발휘할 수 있도록 도와줘야 합니다. 다른 사람들이 하는 대로 따라 하기보다 아이에게 맞는 방법으로 아이의 잠재력을 발전시키려고 노력해야 해요.

그러기 위해서 부모는 아이의 특성을 찾아내는 일을 게을리 하지 않아야 합니다. 무엇을 좋아하고 잘하는지, 싫어하는 것과 못하는 것은 무엇인지, 그리고 그 이유는 무엇인지를 자세히 들여다봐야 합니다. 아이들은 자랄수록 외부의 영향을 많이 받습니다. 잠시 한눈을 파는 순간에 부모가 전혀 눈치 채지 못하는 방향으로 변하기도 해요. 그렇기 때문에 부모는 항상 예민하고 날카로운 눈으로 아이들을 주시해야 합니다.

"못해도 괜찮아"라고 말해주기

딸에게 자주 해주던 말이 있어요. "그건 좀 못해도 괜찮아. 너는 잘하는 게 있잖아. 잘하는 것에 집중해."

나는 우리 딸들이 이 세상을 살아가는 데 유리한 점보다 불리한 점이 더 많다는 것을 알고 있습니다. 왜소한 체형 탓에 덩치 큰 사람으로부터 물리적 위협을 받으면 대항할 힘이 없습니다. 많은 사람이 모인 곳에 가면 키 큰 사람들에 파묻혀 잘 보이지도 않습니다. 작은딸은 농담처럼 만약 다시 태어날 수 있다면 덩치 큰 남자로 태어나고 싶다고 했어요. 그만큼 약한 신체가 자신의 큰 약점이라고 생각했습니다.

어느 날 아이에게 넌지시 만약 지금 덩치 큰 남자와 몸을 바꿀 수 있다면 그렇게 하겠느냐고 물어보았어요. 자존감이 낮아서 아이가 자신을 부정하는 것이 아닐까 걱정됐기 때문이에요. 하지만 작은딸은 단호하게 아니라고 답변했습니다. “다시 태어난다면 모를까 지금은 내가 좋아”라는 답변을 듣고 마음이 놓였습니다.

두 딸은 다재다능한 아이들은 아니었어요. 잘하는 것과 못하는 것이 명확했어요. 큰딸은 캐나다에서 초등학교를 졸업했고 한국말이 어눌한 상태로 한국에 돌아왔지만, 국어 점수를 따라잡는 것은 어렵지 않았습니다. 문제는 수학이었어요. 수학에 재능이 없었던 큰딸은 한국에서는 수학을 못하면 학력 편차가 많이 벌어진다며 노심초사했어요. 하지만 나는 큰딸이 좀 더 마음 편하게 공부할 수 있도록 도와주고 싶었습니다. 그래서 “너는 영어를 잘하니까 수학은 좀 못해도 돼. 영어 잘하는 거로 밀고 나가자. 네가 수학까지 잘하면 비인간적이잖아”라고 말해주었어요. 내가 이런 농담 같은 진담을 한 데는 두 가지 이유가 있었습니다.

첫째, 아이들이 강점을 더 강화해서 자신감을 가지기 바랐습니다. 아이들이 자라면서 단점이나 약점 때문에 자존감을 잃는 경우를 종종 보았어요. 유전적 특징을 원망하거나 노력이 부족하다고 자책하다 보면 자신감을 잃게 돼요. 잘하는 것마저 시시하게 느껴집니다. 반대로 한 가지라도 잘하는 것이나 장점을 주목받으면 못하는 것이나 단점 때문에 상처받는 일이 적어집니다. 잘하는 것으로 주목받으면 자신감이 생기고 다른 것도 잘하려고 노력하게 돼요.

둘째, 사회적 쓰임에 유리하기 때문입니다. 미국이나 캐나다의 기업은 이미 오래전부터 적성에 따른 인재 채용을 해왔고, 대학교 입시에서도 전공 적합성을 성적보다 중요하게 여깁니다. 하버드 대학교도 학생을 선발할 때 모든 것을 고루 잘하는 학생보다 한두 가지 분야에 특출 난 학생을 더 선호합니다. 구성원 모두가 다방면에 실력을 갖춘 사회보다 한두 가지 특출 난 실력을 갖춘 다양한 사람이 모여 협력하는 사회가 훨씬 더 이상적이기 때문입니다.

어린 학생들 대부분은 아직 자신의 강점과 약점을 알아가는 단계에 있습니다. 그러니 많은 것을 골고루 경험하면서 적성을 찾아가야 합니다. 한국의 취업 시장도 예전처럼 학벌로 인재를 채용하는 것이 아니라 특정 분야의 실력자를 뽑는 형태로 변해가고 있습니다. 대학교에서도 지원자의 전공 적합성을 보기 위해 고등학교 수강 과목을 확인한다고 해요.

우리 딸들은 아주 어릴 때부터 특성이 비교적 명확했습니다. 그래서 진로를 정하기도 쉬웠고 어떤 것에 집중해야 할지, 한눈팔지 말아야 할 것이 무엇인지 판단하기도 쉬웠습니다. 우리 아이들의 강점과 약점이 타고난 것이라고 여겼습니다. 그런데 내가 아이들이 어릴 때부터 일종의 '적성 가지치기'를 꾸준히 해왔다는 것을 최근에야 알았습니다. 의도한 것은 아니었지만 나는 아이들에게 하기 싫은 것을 억지로 시키지 않았습니다. 반드시 필요하다고 생각되는 것만 예외로 뒀습니다. 예를 들면 큰딸의 경우 초등학교 저학년 때 수영을 가르쳤습니다. 아이가 너무 힘들어하고 하기 싫어했지만 적어도 물에 뜰 줄은 알아야 할 것 같아 수영의 기초를 가르쳤습니다. 그리고 초등학교 5학년 무렵에 수학을 싫어하는 아이에게 구구단을 외우게 했습니다. 그 외에는 아이가 싫어하면 강요하지 않았습니다. 그랬더니 중학교 무렵에는 잘하는 과목은 영재 소리를 들을 정도로 잘하고 못하는 과목은 평이한 수준에 그쳤습니다.

한국의 입시시스템에서는 결코 유리한 방법이 아닙니다. 하지만 나는 못하는 것을 잘해보려고 애쓰다가 잘하는 것마저 놓치느니 잘하는 것에 집중하고 장점을 부각하는 게 훨씬 효율적이고 현명한 방법이라고 생각했습니다. 한 가지라도 눈에 띄는 강점이 있는 게 모든 것을 어중간히 잘하는 것보다 낫다는 생각이었어요. 흔히 말하는 '선택과 집중'입니다. 나는 아이들에게 남들 눈치 보느라 뭐든 잘하는 사람처럼 보이려 애쓰지 말고 못하는 것은 못한다고 인정하고, 잘하는 것을 더 잘하려고 노력하라고 가르쳤습니다.

작은딸이 중학교 때 이런 일이 있었어요. 한참 시험공부를 하다가 작은딸이 나에게 고민 한 가지를 이야기했습니다. 어느 과목의 시험 범위가 너무 넓어서 그것을 공부하다 보면 다른 과목을 공부할 시간이 없다는 것이었어요. 게다가 선생님이 배점이 큰 문제 몇 개만 내겠다고 해서 한두 개만 틀려도 좋은 점수를 받기는 어려울 것 같아 걱정이라고 했습니다.

나는 아이에게 그 과목을 포기하고 아예 시험공부를 하지 말라고 말했어요. 그 대신 다른 과목 중에 잘할 자신이 있는 몇 개만 신경 써서 준비하라고 했습니다. 그때 작은딸은 그러면 그 과목은 빵점을 받을 수 있다고 했습니다. 나는 아이에게 확신에 찬 목소리로 “빵점 받아도 괜찮아. 걱정하지 마. 그 과목 공부할 시간에 차라리 좀 더 자”라고 말했습니다. 밤샘 공부에 지쳐 능률이 오르지 않아 다른 과목까지 망치게 될 게 뻔해 보였기 때문이에요. 아이는 내 말대로 그 과목은 공부하지 않았고 좋지 않은 시험 점수를 받았습니다. 나는 괜찮다고, 오히려 잘했다고 말해주었습니다.

작은딸은 그 일로 엄마가 말하는 선택과 집중이 무엇인지 완벽하게 이해하게 되었어요. 수년이 지난 지금 딸들은 그때 이야기를 하면서 “엄마는 역시 용감해”라며 놀릴 때가 있습니다. 다른 엄마들은 밤을 새워서라도 공부하라고 한다는데 엄마는 뭐가 그렇게 자신이 있었느냐고 묻습니다. 그건 사실 자신감이라기보다는 포기에 가깝습니다.

나는 아이들에게 능력 밖의 일을 하라고 채찍질할 만큼 모질지 않습니다. 그래서 나는 자주 아이들에게 포기할 용기를 가르쳤습니다. 만약 내 방법 때문에 아이들이 소위 말하는 명문대에 갈 수 없다고 해도 인생 전체를 놓고 보면 훨씬 더 효율적인 길이라고 생각했기 때문이에요.

모든 것을 다 잘하는 사람, 신체적 조건까지 완벽해서 운동도 잘하고 체력도 좋고 문·이과 과목을 모두 잘하는 사람으로 태어날 수 없다면 선택과 집중을 통해 내 강점을 극대화하는 게 효율적입니다. 나는 우리 아이들이 남들의 장점과 강점을 흉내 내느라 시간을 낭비하기보다 자신에게 맞는 일, 자신이 잘하는 일로 세상에 이바지하기를 바랍니다. 약점이 많은 사람이 세상에 두각을 드러낼 수 있는 유일한 방법입니다.

가정에서 일어나는 일을 아이에게 설명해주세요

한국에는 장남, 장손을 예우하는 가족 문화가 있습니다. 장손들은 어릴 때부터 가족과 일가친척의 대소사에 참여하면서 자연스럽게 많은 것을 보고 배웁니다. 중요한 결정 사항에 의견을 묻기도 하고 마치 어른처럼 대우하기도 하죠. 짐짓 권위적인 태도에 익숙해져 오히려 예의범절을 모르는 망나니로 자라는 사람도 더러 있다지만, 내가 만났던 대부분의 장남, 장손들은 일찍 철이 들었습니다. 가족에 대한 책임감도 있고 어른들로부터 보고 들은 것이 많아 경제적 감각도 좋습니다. 일가친척들 사이에서 나름의 처세술도 익혀서 그런지 사회적 성공을 거두는 사람도 많았습니다.

하지만 요즘 세대 아이들은 가정에서 일어나는 일에 대해서 잘 모르는 게 보통이에요. 부모는 아이에게 공부나 잘하라며 골치 아픈 가정사를 알리지 않습니다. 아이에게 괜한 부담을 주고 싶지 않기 때문입니다. 하지만 가정 내에서 일어나고 있는 일에 대해서 아이들에게 어느 정도 솔직하게 말해주는 게 아이를 위해서 좋아요. 굳이 '가족회의'라는 거창한 명목을 달지 않더라도 아이들과 자주 대화하면서 엄마, 아빠, 일가친척들의 대소사와 소식을 알려줘야 합니다.

나는 우리 가족이 처한 상황과 위치에 대해서 아이들과 자주 이야기를 나누었어요. 중고등학교 때부터는 아이들에게 우리 가족의 경제 여건을 알려주었습니다. 특히 큰딸은 외국대학교에 진학하겠다는 꿈을 꾸고 있었고, 특목고에 다니면서 가정 형편이 제각각인 아이들과 한 교실에서 수업했으니 자신의 형편을 알지 못하면 자칫 무리한 계획을 세우거나 상대적 박탈감 때문에 상처받을 수 있었어요.

그래서 가능하면 우리 가족이 처한 문제에 대해서 공유했어요. 다만 부모가 현명하게 대처할 테니 걱정하지 말라는 말로 안심시켰습니다. 아이들이 어릴 때는 집안의 곤란한 형편을 아이들이 눈치 채지 않게 하려고 애를 썼습니다. 지금 생각하면 그다지 중대한 일도 아닌데 아이들에게 알리지 않으려고 남편과 소리 죽여 대화를 나눴어요. 그런데 그게 오히려 아이들의 불안을 부추겼다는 걸 나중에야 알게 되었어요.

우리 가족이 캐나다에 살고 있을 때 딸들은 캐나다에 정착하게 될 거라고 믿었던 것 같아요. 물론 나와 남편도 귀국 일정을 정해 놓지 않았습니다. 남편의 역마살에 얹혀서 온 가족이 이리저리 떠돌다 보니 삶에 계획을 세우기보다 문이 열리는 쪽으로 방향을 잡아 움직였어요.

그런데 큰아이가 초등학교 5학년 무렵 나에게 심각한 문제가 생겼어요. 방치하면 생명을 위협받을 게 분명한 질병이었어요. 캐나다에서 치료할 수 있었지만 일가친척도 없는 곳에서 아이들과 함께 겪어낼 자신이 없어서 한국행을 결심했어요.

나는 나이 어린 아이들에게까지 내 병을 알리고 싶지 않았어요. 그래서 이유를 자세히 설명하지 않은 채 아이들을 데리고 한국으로 돌아왔습니다. 언제 다시 캐나다로 돌아가게 될지 기약도 없이 말이죠. 초등학교 5학년이던 큰딸은 캐나다의 영재학교에서 학교생활의 즐거움에 푹 빠져 있을 때였어요. 영재학교 운영 원칙상 빈자리가 생기면 그 자리를 다른 아이가 채우게 된다는 말을 듣고 아이는 캐나다를 떠나고 싶어 하지 않았어요. 부모의 행보를 이해할 수 없으니 반감이 더욱 컸던 것 같아요. 하지만 나는 부모의 권위를 내세워 아이들을 데리고 한국으로 돌아왔습니다.

다행히 무사히 치료를 마칠 수 있었고 다시 캐나다로 돌아가 2년

여를 더 살았습니다. 그러다가 다시 짐을 싸 완전히 한국으로 돌아왔습니다. 아이들은 캐나다와 환경이 전혀 다른 한국에서 두 번이나 모든 것을 다시 시작해야 했습니다. 그 기간 나는 아이들에게 우리 가정의 상황을 상세하게 설명하지 않았습니다.

시간이 지나고 큰딸이 고등학교에 다니던 무렵, 아이가 "내 고향은 어디야? 우리 집은 어디고?" 하며 안정감 없는 삶에 불만을 토로했어요. 언제 다시 어디론가 떠나게 될지 모른다는 막연한 불안감이 아이를 지치게 한 것이에요. 앞뒤 내막도 모르고 부모 손에 이끌려 이곳저곳으로 이사 다니며 매번 새롭게 적응하느라 아이는 제법 힘들었던 모양이에요.

큰딸은 엄마의 병이 어느 정도로 위중한 것인지 몰라 엄마가 죽을지도 모른다는 불안감과 별것 아닐 것이라는 안도감 사이에서 한참 혼란스러웠다고 고백했습니다. 현실을 대면하는 게 두려워 엄마가 무슨 병을 앓고 있는지 묻지 못했다고 했습니다.

아이들이 잘 적응하는 줄로만 알았던 나는 아이들의 마음을 세심히 신경 쓰지 않았습니다. 뒤늦게 딸의 푸념을 듣다 보니 아이들이 성장기에 겪었을 불안감과 외로움이 고스란히 느껴져 가슴이 아팠습니다.

나는 그제야 큰딸에게 우리가 그토록 여러 번 이사하게 된 이유를 자세히 설명했습니다. 내가 앓았던 병이 무엇이고 경과는 어땠는지, 지금 상황은 어떤지 말해주며 아이들에게 이해와 동의를 구하지 않은 것에 대해서 진심으로 사과했어요. 내가 만약 처한 형편과 상황을 좀 더 일찍 아이에게 설명해줬다면 아이는 덜 불안해하고 부모를 이해했을지도 모릅니다. 내가 병을 앓았다는 것을 왜 그렇게 오랫동안 아이들에게 숨겼는지 이제 와 생각해보면 나도 이해할 수 없습니다.

물론 지금도 나는 집안에서 일어나는 나쁜 일에 대해서 아이들에게 자세히 설명하지 않아요. 이제야말로 먼 곳에서 각자의 삶에 바쁜 아이들에게 부모의 일을 시시콜콜 알릴 필요가 없다고 생각하기 때문입니다. 하지만 아이들이 어릴 때, 가정의 환경에 고스란히 영향을 받을 때는 아이들에게도 가정의 형편을 알릴 필요가 있다는 것을 뒤늦게 깨달았습니다.

아주 심각한 상황이라면 순화해서 알리거나 최악의 상황을 상상하지 않도록 안심시키는 것도 좋겠지만, 현실을 바로 알려 혼자 더 나쁜 상상을 하지 않도록 하는 것이 중요합니다. 아이는 어떤 경로를 통해서든 가정에 나쁜 일이 일어나고 있다는 것을 눈치 채고 두려워하게 되니까요.

또한 "너는 아직 어리니까 몰라도 돼!"라는 말을 자주 들으며 자란 아이는 성장한 후에 골치 아프거나 판단하기 어려운 문제를 앞에 두고 '그건 내 일이 아니야'라며 도망치게 됩니다. 적어도 말이 통하는 초등학교 고학년 무렵부터는 집안 대소사를 설명하고 가볍게나마 의견을 묻는 습관을 가져야 합니다.

가정에서 벌어지고 있는 일에 대해서 알리고 의견을 말하게 하면 아이는 책임감과 배려심과 문제 해결 능력을 기르게 됩니다. 그리고 가족은 훨씬 더 서로를 잘 이해하게 될 것입니다. 만약 가족의 일상에 변화를 줄 만큼의 큰일이 생긴다면 아이가 이해하기 쉽게 설명해주세요. 이 또한 부모의 의무입니다.

거짓말하는 법도 가르쳐야 합니다

미국 서던 캘리포니아 대학의 심리학자 제럴드 제이슨의 연구 결과에 따르면 사람은 하루에 평균 200번의 거짓말을 한다고 해요.

나는 아이들에게 거짓말을 하지 말라고 가르쳤습니다. 하지만 때론 지나치게 솔직한 사람 때문에 불편할 때가 있어요. 가령 사람들이 모여 대화를 나눌 때 누군가가 상대를 비난하거나 제삼자를 험담하는 일이 있어요. 또는 회사에서 업무와 관련된 지적을 할 때, 일과는 관련 없는 비난을 퍼붓는 직장 상사를 만날 때입니다. 갑자기 분위기가 민망해질 때쯤 누군가가 말하는 사람을 제지할라치면 반드시 따라붙는 말이 있습니다. "사실이잖아. 나는 거짓말은 안 해."

그리고 또 이런 예도 있어요. "내가 너랑 친하니까 솔직히 말해주는 건데"라거나 "부모니까 해주는 말이야"라고 말하고 난 후 자연스럽게 비난과 평가를 덧붙입니다. '너를 위해서'라는 이유를 붙이니 반박하기도 쉽지 않습니다. 나이가 어릴수록, 사회적 지위가 낮을수록, 사이가 가까울수록 노골적으로 솔직한 지적의 대상이 됩니다. 그렇게 솔직해서 이득을 보는 사람이 누구일까 생각해보면, 사실 아무도 없습니다. 심지어 상대가 바른 판단을 하게 하려고 진심 어린 마음에서 충고한다고 해도 상대는 생각만큼 크게 변하지 않을 거예요. 오히려 너무 솔직한 말이 상처가 되어 부정적인 결과를 낳게 될 수 있죠.

20대 시절에 지적 장애가 있는 사람들을 대상으로 사물놀이를 가르치는 강사로 초빙된 적이 있어요. 나는 일종의 취미활동처럼 몇 년간 장구를 배운 적이 있지만 실력이 뛰어난 것도 아니었습니다. 하지만 지인을 통해 들어온 자원봉사 제안을 거절할 수 없어서 일주일에 한 번씩 장애인들을 만나 강습을 하게 되었어요.

처음 지적 장애인을 만났을 때 적지 않게 당황했습니다. 입의 움직임이 부자연스러워 말을 잘 알아들을 수 없는 데다 자기 몸 하나 가누기 힘든 사람들이 장구채를 쥐고 흔들어 대는 모습은 그야말로 슬랩스틱 코미디 같았어요.

그렇다고 웃을 수 없었어요. 자칫 비웃는 것처럼 보일까 봐 평상시보다 더 진지하게 강습에 집중했습니다. 그들은 강연 때마다 늘 시끌벅적하게 웃으며 내가 보이는 시범을 따라 하려고 애썼습니다. 그런데 내가 불편하게 여긴 것은 따로 있었습니다. 장애인 수강자들이 서슴없이 서로를 비하하는 것이었어요. 옆자리 동료가 장구채를 휘두르는 손의 움직임을 보고 소리 내 웃는 것은 예사였고, 말끝마다 장애인을 저속하게 표현하는 호칭으로 서로를 불러댔습니다. 농담이나 장난이라고 하기에는 듣는 사람이 민망할 만큼 정도가 심했어요.

그러던 어느 날, 참다못한 나는 그들에게 자기비하와 비속어를 자제해달라고 부탁했어요. 그러자 그들 중 한 명이 아무렇지도 않게 "우리가 병신인 건 사실이잖아요" 하더니 "지금까지 살면서 매일 누군가에게 그런 말을 들어왔고, 우리의 모습을 보고 마치 코미디를 보는 것처럼 웃거나 불쌍하게 쳐다보는 사람을 날마다 만나요. 그러지 말라고 말해봐야 헛수고니까 남들이 그렇게 말할 때 그냥 바보처럼 웃어줘요. 어차피 우리가 점잔 빼고 자존심 상한 내색을 하면 병신이 지랄한다고 하니까요"라고 말했어요. 그들 나름대로 너무 무례하고 솔직한 사람들로부터 자신을 지키기 위해 심리적 위장술을 사용하는 셈이었어요. 나는 어쩌면 그 말이 맞을지도 모르겠다고 생각하고 더는 그들의 자기 비하를 말리지 않았습니다.

그런데 그로부터 10여 년 후 캐나다로 이사하여 살 때 나는 사람들이 장애인을 대하는 전혀 다른 태도를 접할 수 있었습니다. 우리가 캐나다에서 살기 시작한 지 얼마 되지 않았을 때 큰딸이 "엄마, 캐나다에는 장애인이 왜 이렇게 많아?" 하고 물었어요. 실제로 캐나다 길거리 곳곳에서 아무렇지도 않게 활보하고 다니는 중증 장애인들을 많이 볼 수 있었어요. 학교는 물론이고 고급 쇼핑몰과 공공장소 어디를 가나 어김없이 장애인들을 볼 수 있었습니다. 장애의 종류도 다양했어요. 휠체어를 타는 사람은 너무 많았고 커다란 안내견과 같이 걷는 시각장애인도 여럿 보았어요.

장애인 때문에 불편을 감수하는 일도 여러 번 있었습니다. 캐나다의 시내버스는 휠체어를 탄 장애인을 위해 출입구 쪽의 높이를 조절할 수 있어요. 버스 운전자는 정류장에 장애인이 기다리고 있으면 버스에서 내려서 장애인이 버스를 탈 수 있도록 도와줘야 해요. 그러면 버스 출발시각이 늦어지는 것은 물론이고 커다란 휠체어 때문에 버스 공간이 비좁아집니다. 그래도 아무도 불평하지 않습니다. 심지어 웃으며 장애인에게 친절하게 인사합니다. 입이 비틀려 발음이 부정확한 사람이 커피숍에서 주문하면서 점원과 농담을 주고받으며 시간을 지체하는데도 아무도 불평하지 않았어요. 캐나다 사람들은 모두 착해서 불편을 감수하는 것일까요?

캐나다에 오래 살면서 알게 된 일이지만 캐나다 사람들은 약자를 배려하라는 교육을 어릴 때부터 받아왔습니다. 설령 그들에게 불만이 생기더라도 있는 그대로 표현하면 안 된다는 교육도 받는다고 해요.

딸들은 캐나다에서 초등학교에 다닐 때 '사실을 말하지 않아야 할 때', '감정을 숨겨야 할 때'에 대해서 교육을 많이 받았어요. 캐나다는 세계 각국에서 모여든 이민자들이 많아요. 그렇다 보니 익숙지 않은 냄새에 코를 틀어막게 되거나 낯선 모습에 눈이 휘둥그레지는 일이 많습니다. 이해할 수 없는 문화적 차이 때문에 가끔은 분란이 일어나기도 합니다.

그러나 학교에서는 냄새나는 음식을 도시락으로 싸오지 말라거나 민족별로 다른 치장을 못 하게 해서 다양한 문화를 하나로 통일시키려고 하지 않아요. 대신 냄새를 못 맞는 척, 다른 외모가 낯설지 않은 척, 다른 문화를 이해하는 척하라고 가르칩니다. 그러다 보면 진짜 이해하게 된다는 논리입니다.

캐나다 사람들은 느낀 것, 생각하는 것을 직관적으로 표현하지 않는 것이 예의이고 그것이 지식인의 태도라고 생각합니다. 이해할 수 없는 것, 보기 거북할 만큼 혐오스러운 것도 나와 다른 것일 뿐, 틀린 것은 아니라고 교육합니다. 캐나다의 초등학교에서는 지식을 가르치는 것만큼이나 많은 시간을 할애해서 솔직하지 않게 살아야 하는 이유와 방법을 알려줍니다.

한국에서는 아직도 개그 프로그램에서 아무렇지도 않게 외모를 웃음거리로 삼습니다. 심지어 피부색이 다른 인종, 성별에 따른 차이, 지역 특색까지 비교하며 남과 다른 점을 과장하거나 비하합니다. 간혹 철이 덜 든 어른 중에는 현실 세계에서 개그 프로그램 흉내를 내는 사람도 있습니다. 어린아이들도 어른을 그대로 흉내 냅니다. "사실이잖아. 나는 거짓말은 안 해"의 어린이 버전 같습니다. 그런데 너무 솔직해서 남에게 상처를 주는 아이들은 친구 사귀기가 쉽지 않고 선생님에게 지적받는 일도 많을 거예요. 한마디로 인간관계가 원활하지 않을 게 뻔합니다.

부모는 아이에게 거짓말하는 법, 너무 솔직하지 않아도 된다는 것을 가르쳐야 합니다. 그리고 그보다 먼저 부모가 평소에 아이에게 너무 솔직한 것은 아닌지 돌아봐야 합니다. "넌 왜 그렇게 바보 같니?"라거나 "공부도 못하는 게"라거나 "좋은 대학교 가기는 글렀네"라거나 "능력도 없으면서 꿈만 크네" 같은, 아이에게 너무 솔직하게 지적하고 있는 것은 아닌지 말이에요.

또는, "솔직히 저 연예인 너무 못생기지 않았어?"라거나 "저 사람은 왜 저렇게 뚱뚱해"라거나 "길거리에 장애인들이 돌아다니면 보기 싫어"라거나 "당신이 그러니까 안 되는 거야" 같은 말을 아이 앞에서 하고 있지는 않은지 생각해봐야 합니다. 아이는 부모를 따라 지나치게 솔직하고 무례한 사람으로 자라게 될지도 모릅니다.

나는 가끔 딸들의 외모가 그다지 뛰어나지 않다는 걸 알면서도 "세상에서 제일 예쁜 우리 딸"이라고 말하고, 불투명한 미래 때문에 걱정하는 딸들에게 "무엇을 해도 잘될 거야"라고 말해요. 너무 너무 거짓말이 어려워서 나도 어쩌지 못할 때는 그냥 입을 다물고 빙그레 웃습니다. 그러면 딸들은 뭔가 더 심사숙고하거나 좀 더 노력해야 할 것 같다는 눈치를 챕니다. 엄마로서 꼭 필요한 조언을 할 때조차 너무 솔직하지 않으려고 노력합니다.

다행히 우리 딸들도 거짓말을 잘합니다. 아무리 가까운 사이라도 지켜야 할 적당한 '선'이 있다는 것을 이해합니다. 언제 어떤 거짓말을 해야 하는지도 잘 압니다. 그래서 안심이 됩니다. 요즘 세상에 이 정도 처세술도 가르치지 않고 공부만 잘하면 된다고 생각한다면 '솔직히 말해서' 하나만 알고 둘은 모르는 무식하고 무책임한 부모입니다.

위로하고 용기를 주는 부모가 되기 위해서는

나는 남에게 위로를 받는 게 썩 내키지 않아요. 나쁜 일을 당했을 때 차라리 아무도 나의 상황을 몰랐으면 좋겠다고 생각합니다. 그래서 힘든 일을 겪을 때도 입을 꾹 다물고 내 고통을 남에게 드러내지 않으려 애씁니다. 행여 내 불행이 남들 입에 오르내릴까 봐 노심초사합니다. 누군가 나에게 위로를 건네면 겉으로는 감사를 표하면서도 속으로는 그 상황을 피해 빨리 달아나고 싶어져요. 그렇다 보니 도움이 필요해도 말하지 못해요. 나는 '남에게 아쉬운 소리를 못 하는 사람'이라는 표현이 딱 들어맞는 사람입니다.

나는 남을 위로하는 데도 서툰 편입니다. 뭐라고 말해야 할지 잘 모르겠고 내 말이 위로가 될 거라는 확신이 없어요. 사람들은 위로가 필요한 사람의 어깨를 두드리거나 함께 눈물을 흘리며 곧 괜찮아질 거라고 말합니다. 그에 반해 나는 어색하고 난감한 표정으로 형식적인 몇 마디 위로의 말을 전하고 나면 서둘러 자리를 뜹니다.

자신의 고통과 불행을 동네방네 소문내는 것도 부족해 도와달라고, 위로해달라고 비명을 질러대는 사람들이 있습니다. 금방 죽을 것처럼 엄살을 부리는 사람을 보면 굳이 저렇게까지 자신의 불행을 떠벌려서 좋을 게 뭔지 모르겠다고 생각해요. 추하게 도움을 구걸하는 것처럼 보여 속으로 비웃은 적도 있습니다. 그런데 때로 그런 사람들이 부러울 때가 있어요. 나도 살아오면서 몇 번 그들처럼 주변 사람들에게 내 고통을 얘기하고 도움을 요청하고 싶었으니까요. 하지만 쉽지 않았습니다. 무엇이 문제일까요?

결론적으로 말하자면 나의 불신 탓입니다. 대부분 남의 고통을 보며 자신의 고통의 무게와 저울질하며 자신의 행복을 확인하는 데 급급하다고 여겼어요. 누군가의 불행이나 고통을 가십거리 이상으로 여기지 않을 거라고 믿었고, 다른 사람을 향한 위로는 형식적이거나 위선적이라고 생각했습니다. 나를 위로할 수 있는 것은 오로지 나뿐이라고 믿었죠. 내가 누군가에게 위로를 바라거나 도움을 요청하지 못하는 이유는 상대에 대한 미안함 때문이 아니라 스스로 극복하지 못한 자존심 때문입니다. 삶이 버거울수록 상처받을까 봐 두려워 마음의 문을 더 세게 닫은 탓입니다.

캐나다에서 투병 중일 때 일입니다. 역시나 내가 아프다는 것을 여러 사람에게 알리지 않았어요. 내가 아프다는 것을 알고 있는 사람들에게도 입단속을 요구했습니다. 아직 어린 딸들의 귀에 들어가면 아이들이 불안해할 것이라는 핑계를 댔지만 사실은 다른 사람들의 입에 오르내리며 내가 불쌍한 사람 취급받는 게 싫었기 때문이었어요. 그래서 주변의 도움도 모두 거절했습니다.

그런데 어느 날 아침 산책하러 나가려고 집을 나서는데 문 앞에 커다란 들통이 보였습니다. 무엇인가 싶어 뚜껑을 열어보니 무청 시래기가 듬뿍 들어간 말간 된장국이 가득 들어 있었습니다. 그리고 들통 위에는 평소 나와 별로 친하지도 않았던 사람의 이름과 한 줄의 위로 말이 적힌 메모지가 붙어 있었어요.

> "고생은 좀 하겠지만 이 병으로 죽지 않는다는 걸 이미 알고 있죠? 그러니까 괜찮아요."

그 문장을 읽는 순간 큰 소리를 내어 웃다가 금세 눈물이 핑 돌았습니다. 이만한 위로가 또 있을까 싶었습니다. 메모지의 문장이 한 편의 유쾌한 시 같이 느껴질 정도였습니다

나는 그 시래깃국을 며칠에 거쳐 가족들과 맛있게 먹었습니다.

그리고 그 메모를 곱게 접어 지갑 속에 넣어두었어요.

그런데 남편의 반응은 나와 다르게 시큰둥했습니다. “이걸 언제 다 먹으라고. 이 메모 내용은 또 뭐야? 아픈 사람한테 안 죽을 테니 괜찮다는 게 위로야?” 남편은 시래깃국을 보고 별 감흥이 없었지만 나는 알고 있었습니다. 캐나다에서 그 많은 시래기를 구하려면 가격도 만만치 않은 데다가 시래기를 물에 불린 후 질긴 겉껍질을 벗겨 부드럽게 삶아 내는 일이 못해도 한나절은 걸렸을 거란 걸요. 맛국물을 우려낸 멸치는 캐나다에서 소고기보다 더 비싸고 제대로 맛을 낸 된장은 한국에서 공수해온 것일 게 분명했습니다. 그 많은 양을 오래 두고 먹어도 질리지 않을 만큼 담백하게 끓이는 일도 보통 정성으로는 어려운 일입니다.

그이가 나에게 된장국을 가져다주기까지 얼마나 오랫동안 망설였을지 생각해봤습니다. 무엇을 해주면 좋을지, 어떤 식으로 전달하면 부담스럽지 않을지, 다른 사람들의 도움을 모두 사양한 나의 마음을 다치지 않게 하려면 어떻게 해야 할지, 아마 고민하고 또 고민했을 거예요. 나는 그이의 생각을 따라 그 시래깃국이 우리 집 문 앞에 놓이기까지의 과정을 유추해봤습니다. 질척거리는 것 하나 없이 아무렇지도 않은 척 툭 던져두고 간 마음이 고스란히 느껴졌습니다.

사실 내가 왜 그렇게 감동했는지 그때는 잘 몰랐어요. 남편 말대로 그 사람의 행동을 무례하게 받아들일 수도 있었고 시래깃국을 시시하게 여겨 다 먹지 않았을 수 있었어요. 평소 같았으면 별로 친하지도 않은 사람의 호의가 달갑지 않았을 게 분명했는데 그때 그 시래깃국과 한 줄 메모는 왜 지금도 잊히지 않을 만큼 큰 위로가 되었을까요.

지금 와서 생각해보면 나는 다른 사람의 도움도, 위로도 필요 없다고 큰소리쳤지만 사실 마음 깊은 곳에서는 누군가가 나에게 손을 내밀어주기를 바랐던 것 같아요. 그러니 평소에 좋아하지도 않던 시래깃국에 그렇게 큰 감동과 위로를 받았겠지요.

그때를 돌아보며 위로는 주는 사람이 아니라 받는 사람의 몫이라는 걸 새삼 깨달았습니다. 위로를 받는 사람이 위로받고 싶지 않을 때는 큰소리로 함께 울어주고 실질적인 도움을 줘도 가치 없는 일이 될 수 있습니다. 반면 위로받을 준비가 된 사람은 그저 말없이 눈을 마주하고 지어주는 잔잔한 미소만으로도 큰 위로를 받을 수 있습니다.

나는 여전히 내 고통을 밖으로 드러내기가 쉽지 않습니다. 위로받게 될까 봐 두렵기 때문이에요. 하지만 이제 남의 위로를 순수하게 받아들이는 마음의 연습을 하고 있습니다. 나이가 들수록 위로받을 일이 많아질 텐데, 모든 위로는 나를 위한 것이라고 여기기로 했습니다. 설령 상대가 내 등을 토닥이고 돌아서서 회심의 미소를 짓는다고 하더라도 그것은 그의 몫입니다. 나는 그저 그의 위로에 감사하면 됩니다. 더불어 다른 사람의 고통과 슬픔과 불행을 진심으로 위로하는 연습도 하는 중입니다. 상대가 어떻게 받아들이는지는 중요하지 않습니다. 나는 나의 몫을 하면 됩니다.

우리 딸들은 나와 성격과 기질이 비슷합니다. 하지만 다행히 남의 위로를 보이는 그대로 받아들이고, 진심으로 남을 위로할 줄 압니다. 힘든 일이 있으면 나처럼 입술을 꾹 다물고 참아내기도 하지만 어려운 일을 당했을 때 다른 사람에게 도움을 청하는 용기도 있습니다. 남에게 의존하지 않는 매우 독립적인 성격이면서도 다른 사람의 진심을 의심하지 않는 자신감이 있습니다. 이 부분만큼은 엄마를 닮지 않아 다행입니다.

아이들을 보면서 혼자서도 잘살 것 같은 독불장군도 서로 돕고 위로하며 살아야 행복하다는 것을 깨닫습니다. 나는 이제 힘들고 어려운 일이 있을 때 주변의 누군가에게 털어놓고 마음껏 위로받을 용기를 내도 괜찮다고, 다른 사람들의 위로를 들리는 그대로 들으라고 자신을 다독입니다. 물론 남의 고통을 진심으로 위로하는 마음이 먼저입니다.

주변 사람을 둘러보고 자꾸 마음을 쓰다 보면 자연스럽게 위로를 주고받을 줄 알게 될 거라고 믿습니다. 불안한 미래와 실패와 실수 때문에 낙심할 때 진심으로 위로하고 용기를 주는 부모가 옆에 있다면 아이들은 도움과 위로를 주고받을 줄 아는 건강한 성인으로 자라날 것입니다.

여자애가 좋은 대학교 나와봐야 시집가기만 힘들다고요?

큰딸이 한창 입시를 준비 중일 때 비교과 활동(학교 내신 성적을 제외한 활동으로 동아리활동, 봉사활동, 학술활동 등이 포함됩니다.)의 목적으로 해외를 다녀온 적이 있어요. 마침 직장을 그만두고 쉬고 있던 때라서 큰딸을 따라나섰습니다. 내친김에 중학교 1학년 작은딸도 동행했습니다. 하필 그 주에 오랫동안 참여하던 친목 모임에 불참한 이유를 설명하느라 큰딸의 비교과 활동에 관해 이야기하게 됐어요. 그런데 학기 중에 일주일씩이나 학교에 보내지 않고 고등학교 3학년과 중학교 1학년짜리를 데리고 여행을 감행한 내 행동이 모임 사람들 눈에는 무모하게 보였던 것 같아요. 오랜 친구들이라서 허물없이 이야기하는 중에 놀러 다니면서 대학교 입시를 준비하느냐는 뼈 있는 농담도 오갔습니다.

나는 고3인 딸이 어떤 과정을 거쳐 무슨 생각으로 해외에 나갔다 왔는지 구구절절 설명할 필요성을 느끼지 못해 얼버무리며 입을 다물었습니다. 그런데 뒤이어 나온 한마디가 내 눈을 치켜뜨게 했습니다.

"여자애가 좋은 대학교 나와봐야 시집가기만 힘들어. 그냥 대충해서 어지간한 대학교에 보내." 나와 친한 사람 하나가 농담처럼 던진 말입니다. 사실 나는 그동안 이렇게 말하는 사람을 여럿 만났습니다. 말하는 태도나 느낌은 조금씩 달랐지만 같은 뜻이었습니다. 들을 때마다 매번 기분이 좋지 않았어요.

심지어 우리 딸이 다니던 고등학교 학부모 중에도 비슷한 말을 한 사람이 있었어요. 아무리 시대가 변해도 여자애들은 결혼해서 시집가면 학력은 별 필요도 없는 것 아니냐는 말이었죠. 어찌 보면 그 사람의 말이 맞을지도 모릅니다. 세상이 많이 변했다고는 하지만 아직 우리가 사는 세상에는 '잘난 여자'를 불편해하는 사람이 많습니다.

나도 한때는 직장 생활을 하는 여자를 능력 있는 여자라고 생각하기보다 팔자가 센 여자라고 생각하기도 했습니다. 사회 분위기가 그랬고 심지어 부모님이 그렇게 여겼기 때문에 나도 그게 당연한 줄 알았습니다. 그렇다고 해서 내가 고분고분한 여자였던 것은 아니었습니다.

대학교를 졸업할 무렵, 트럭을 운전할 수 있는 1종 운전면허시험을 보겠다고 하자 부모님이 만류했습니다. 여자가 트럭을 운전할 줄 알면 언젠가 트럭을 운전할 일이 생길지도 모른다며 그런 건 아예 못하는 게 낫다는 이유였습니다. 그래도 나는 1종 면허를 땄습니다. 특별한 이유가 있었다기보다 그냥 해보고 싶어서였죠. 수년이 흘러 캐나다에서 사는 동안 나는 이사를 자주 했는데 그때마다 트럭을 빌려 직접 운전하기도 했습니다. 부모님 말씀대로 1종 운전면허를 취득하지 않았다면 그런 용기를 내지 못했을지 모르겠습니다. 하지만 나는 내 팔자가 드세다고 한탄하지 않습니다. 오히려 언제나 당당하게 제 역할을 해내는 내가 자랑스러웠습니다.

이제 경제활동을 하는 여자를 팔자가 사납다고 말할 수 없는 세상입니다. 여자애가 공부 잘해봐야 시집가기만 어렵다고 말한 지인도 며느리는 직장에 다니면서 일을 해야 한다고 말합니다. 그럴 때만 '요즘 세상' 타령을 합니다. 맞벌이해야 먹고살 수 있는 시대라서 팔자 좋게 집에서 살림만 하면 안 된다는 논리입니다. 일을 밥벌이로만 생각하니 그런 생각을 하게 된 것일테죠. 일하면서 성취감을 느껴본 적이 없으면 일은 마지못해서 하는 노동이 됩니다.

그런 부모의 가치관을 그대로 답습한 아들은 여자를 열등한 존재로 인식하기 쉽습니다. 그런 남자들일수록 성 역할에 대한 고정관념을 버리지 못합니다.

미국 전 대통령 도널드 트럼프가 그런 남자의 전형적인 인물입니다. 트럼프의 부를 상징하는 뉴욕 트럼프타워 건설현장 책임자였던 바버라 레스는 "트럼프가 '남자는 여자보다 낫다. 하지만 뛰어난 여성 한 명은 멍청한 남성 열 명보다 낫다'라고 말하곤 했다"라고 했습니다. 자신의 사업을 위해서 능력 있는 여성을 건설현장의 책임자로 임명하면서도 여자와 남자를 갈라 평가했습니다. 항상 승부욕에 지배받던 그는 성공을 위해서 인재를 활용하는 데 주저하지 않았습니다. 능력 있는 여자를 중요한 자리에 앉히기도 했죠. 하지만 그는 여자를 비하하는 사람이었습니다.

트럼프가 비열할 정도로 남녀 차별주의자가 된 것은 순전히 부모의 탓입니다. 트럼프는 이민자 출신의 가정부였던 어머니와 호전적인 성격의 성공한 사업가 아버지, 그리고 가정부 출신 며느리를 못마땅하게 여기고 괴롭히는 할머니가 있는 가정에서 자랐습니다. 나는 트럼프가 그토록 공격적이면서도 강박적이고 열등감이 심한 인물로 자란 데는 부모의 영향이 컸다고 생각합니다. 트럼프는 그나마 구시대 사람이고 돈이 많았기에 자기주장을 굽히지 않고 살아남을 수 있었죠. 하지만 평범한 요즘 젊은 남자가 트럼프처럼 행동하고 말한다면 어떨까요?

2018년 캐나다 토론토에서도 그런 남자가 있었습니다. 2018년 4월, 봄기운이 완연한 토론토에 비극적인 사건이 발생했습니다.

어느 동유럽 이민자 가정의 젊은 남자가 소형 승합차를 몰아 노약자와 젊은 여성 여러 명을 치며 수백 미터를 질주했습니다. 사건이 일어난 곳이 하필 한국인이 많이 거주하는 노스욕(North York)이었던지라 사망자와 부상자 중에는 한국인 여러 명도 포함되었습니다. 그중에는 20대 초반의 한국인 여자 유학생도 있었는데, 부모가 한국에서 부랴부랴 입국했다는 뉴스를 보면서 나는 가슴이 미어졌습니다. 꿈을 안고 유학길에 오른 딸이 주검으로 돌아왔으니 부모 마음은 어땠을까요?

범죄자가 검거되고 그를 조명하는 기사가 연일 쏟아져 나왔습니다. 어떤 환경에서 자란 사람인지, 왜 그런 범죄를 저질렀는지 하나씩 드러나기 시작했습니다. 그는 여자를 혐오하는 사람들이 모이는 온라인 커뮤니티 회원이었습니다. 표면적으로는 지역의 전문 대학교에 다니는 조용한 학생이었지만, 언제 터질지 모를 폭탄 같은 열등감을 안고 살았던 것 같아요.

우리나라에도 비슷한 범죄는 끊임없이 벌어지고 있습니다. 하지만 아직도 많은 사람이 여자를 상대로 한 범죄를 여자 탓으로 돌리고 있습니다. 열등감과 혐오 때문에 저지른 범죄를 합리화하는 데 그보다 더 좋은 핑계는 없으니까요. 여자를 소유물로 생각하고 여자에게 지는 것을 수치로 생각하게 하는 부모가 아들의 열등감을 키워 범죄자나 패배자로 기르는 것입니다.

처음 캐나다에 갔을 때 대학교 캠퍼스에 돌아다니는 여학생들의 차림새가 낯설었던 기억이 납니다. 대부분이 화장기 없는 얼굴에 트레이닝복을 입고 커다란 가방을 메고 돌진하는 군인처럼 걸어 다니고 있었어요. 어지간한 남자보다 덩치가 좋은 여자들도 다수 보였고, 여름에는 짖게 그을린 피부로 근육을 자랑하며 조깅하는 여자도 많았습니다.

나는 그저 한국과 캐나다의 미적 기준이 다른 것으로 생각했습니다. 하지만 알고 보니 그런 게 아니었어요. 여성의 아름다움의 기준은 어느 나라나 비슷합니다. 다만 그들은 그것에 얽매이지 않고 자신에게 맞는 방식으로 살아갈 뿐이었습니다. 그들도 필요에 따라서는 화장을 하고 화려한 드레스를 갖춰 입어요. 다만 항상 그럴 필요는 없다고 생각하는 것입니다.

뚱뚱하거나 마른 체형이거나, 키가 크거나 작거나 다른 사람의 시선을 의식하지 않고 입고 싶은 옷을 입고 다니는 여자도 많습니다. 나는 오랜 시간 나를 붙들어 매고 있는 잠재의식 탓에 아무렇게나 입고 조신하지 않게 행동하는 그들이 거북했습니다. 그런데 캐나다에서 두 딸을 키우면서 생각이 달라졌습니다. 남의 눈치를 보지 않고 당당한 여자들은 자존감도 높고 정신적으로 건강합니다. 상대적으로 다른 사람에 대한 의존도는 낮습니다. 스스로 문제를 해결하려는 노력 덕분에 사회 구성원으로서의 역할에도 충실합니다. 본인의 삶에 자신감이 있으니 다른 사람의 삶도 존중할 줄 압니다.

그런 여자들은 남자를 만날 때도 규정된 성 역할에 매몰되지 않아요. 그래서 캐나다에서는 가사를 돌보는 남자와 직장에 다니는 여자 커플이 눈에 많이 띕니다. 그들은 그것을 부끄러워하거나 숨기려고 애쓰지 않습니다. 사회적 분위기 역시 그런 모습을 낯설어하거나 비하하지 않습니다.

잘난 여자는 결혼하기 힘들다는 말은 시대착오적이에요. 이제는 서로 동등한 위치에서 서로 협력하는 커플만이 관계를 오래 유지할 수 있습니다. 일방적인 희생이 강요되는 관계는 지속되지 못합니다. 지금 세상은 남의 이목이 두려워 인내하는 시대가 아니니까요.

아들을 둔 부모는 혹시라도 아들이 여자보다 무능력한 것을 수치스럽게 여기지 않도록 교육해야 해요. 자신보다 잘나고 나이가 많고 좋은 직업을 가진 여자와 연애하거나 결혼하는 것이 전혀 이상하지 않고, 직장에서도 여자 동료나 후배, 선배를 '사람'으로 대한다면 사는 게 훨씬 수월해질 거라고 가르쳐야 합니다.

딸을 둔 부모도 마찬가지입니다. 이제 더는 능력 있는 남자에 기대어 호강하며 살겠다고 생각하는 젊은 여자는 많지 않습니다. 비슷한 능력을 갖춘 친구 같은 남자와 동등한 관계에서 연애하고 결혼하기를 원합니다. 심지어 유능한 여자 중에는 자신보다 젊고 학벌이나 경제력이 낮은 남자를 선호하는 경우도 있습니다. 내 세대에만 해도 낯선 풍경이었는데 요즘 젊은 커플 중에는 심심치 않게 보입니다.

결혼이라는 제도 역시 예전의 정형화된 형태에서 벗어나 점점 다양해지는 추세입니다. 그러니 자기 일을 즐기며 경제력까지 갖춘 독립적인 사람으로 자랄 수 있도록 교육해야 합니다. 딸이 활동적이고 성공지향적이고 승부욕이 강하다고 해서 걱정할 필요가 전혀 없습니다. 다행히 열심히 일하며 성과를 낸 여자 선배들 덕분에 예전보다 여자가 일하기 좋은 세상으로 변해가고 있습니다. 요즘 팔자 좋은 여자는 남자의 생활능력으로 사는 여자가 아니라 스스로 경제적 자립을 할 수 있는 여자입니다.

여자와 남자가 서로 경쟁하며 사는 세상에서는 어느 한쪽이 우월하다고 여기지 말아야 합니다. 경쟁에서 밀린 후에 상대방에게 원망하는 마음도 갖지 않도록 가르쳐야 합니다. 그러기 위해서는 아들 둔 부모와 딸 둔 부모가 서로 이해하려는 자세가 꼭 필요합니다.

남을 비하하는 사람들 마음속에는 늘 열등감이 자리 잡고 있습니다. 자신과 다른 성을 비하하는 사람, 인종차별을 하는 사람, 지역감정을 가진 사람, 모두 그럴듯한 이유를 들이대며 자신의 우월함을 드러내려고 과장합니다. 하지만 사실 그 안에는 강렬한 열등감이 자리 잡고 있습니다. 그 열등감이 적대감으로 변하면 2018년 토론토에서 무고한 사람들을 살해한 테러범처럼 될 수 있습니다.

사회의 변화에 뒤처지지 않도록 하려면 나와 다른 사람을 적대시하지 않도록 아이들에게 어릴 때부터 평등의식을 잘 가르쳐야 합니다.

자녀교육에 참여하지 않는 아빠에게 미래는 없습니다

한국에는 분명 아빠가 있는데도 엄마 혼자 아이의 육아와 교육을 담당하는 집이 많습니다.

캐나다에 있을 때는 모든 학교행사에 남편이 함께 참여했어요. 큰딸이 유치원과 초등학교, 중학교를 거치는 동안 남편과 나는 수시로 아이 학교에 들락거렸어요. 우리 가족은 학교에서 하는 바비큐 파티에 가서 담임 선생님을 만나고 중고 책을 사 들고 집에 돌아올 때 느꼈던 즐거움을 지금도 잊지 않고 이야기하곤 합니다. 학부모 모임에 가면 아빠와 엄마의 비율이 절반 정도 됐어요. 놀이터나 박물관, 놀이동산에 가면 엄마 없이 아빠 손을 잡고 놀러

나온 아이들이 많았어요.

어느 공원에서 젖먹이 어린 아기들을 데리고 둥그렇게 모여 앉은 사람들을 본 적이 있어요. 신생아 체조를 따라 하며 우왕좌왕하는 모습으로 봐서 육아 관련 모임인 듯했어요. 구성원 대부분은 엄마와 아기들이었지만 아빠 혼자 아이를 데리고 참가한 사람도 여러 명 있었습니다. 그런 모습은 캐나다에서는 낯설거나 어색한 풍경이 아니에요.

그런데 한국으로 돌아와서 큰딸이 중고등학교에 다니고 작은 딸이 초등학교를 다니는 동안 학교행사는 나 혼자 참가했습니다. 녹색 어머니 봉사와 시험감독이나 급식실 봉사 같은 일은 물론이고, 선생님을 만나 상담하는 일까지 어느 것 하나 남편이 동행한 적이 없어요.

초등학교, 중학교는 물론이고 교육열 높은 부모들이 모이는 특목고에서도 마찬가지였어요. 학부모 회의를 하는 자리에 가면 한두 명의 아빠들이 참석한 적도 있지만, 대부분이 엄마들입니다. '엄마의 정보력, 아빠의 무관심, 조부모의 경제력'이 아이의 입시를 성공으로 이끈다는 말은 그렇게 현실화되고 있었습니다.

캐나다에 있을 때는 적극적으로 학교행사에 참여하고 아이들의 교육에 관심을 두었던 남편이 한국에 와서 완전히 변한 것입니다. 바쁘다는 핑계도 있었지만, 그보다는 아이들 교육이나 가사가 자기 일이 아니라고 생각하는 것 같았어요. 우리를 둘러싼 사회

분위기가 그러하니 나 역시 남편을 탓할 수만은 없었습니다. 그렇게 아이들 교육과 관련된 모든 것은 내 일이 되었습니다.

아이들이 성인이 된 지금, 아이들과 아빠는 함께할 대화 주제가 없어요. 그야말로 꼭 필요한 대화나 '밥 먹었니' 같은 일상적인 안부를 묻는 것 외에는 할 말이 없어요. 가정에서 아빠의 자리는 이제 없는 것이나 마찬가지입니다. 그만큼 권위도 없어졌습니다. 아이들 교육에 본인이 참여하지 않았으니 이제 와서 자신의 지분이 없어졌다고 서운해해도 늦었습니다. 이제와 관계를 회복하려고 노력하지만 쉽지 않아 보입니다.

어쩌면 아빠의 교육 참여는 엄마들에게 귀찮은 일이 될 수도 있습니다. 남편이 아이 교육에 방해가 된다고 생각할 수 있어요. 하지만 이제 엄마 혼자 아이를 키울 수 있는 시대는 지났습니다. 비교과 활동의 비중이 커지고 학교 수업이 단순 암기와 주입식 교육을 탈피할수록 아빠의 참여가 더욱 절실해질 거예요. 엄마 혼자 감당하기에는 분야가 너무 광범위하기 때문입니다.

내 주변에 아빠가 교육에 관심을 두고 부부가 함께 의논하면서 아이를 키운 집의 아이들은 대부분 바르게 성장했습니다. 특히 아빠의 직장과 사회생활 경험이 아이의 진로를 정하고 비교과 활동을 하는 데 큰 도움이 되기도 했습니다.

물론, 강압적이고 권위적인 아빠라면 순기능보다 악영향이 더 클 거예요. 아빠가 아이의 손을 잡고 산책할 수 있는 정도로 다정

다감하고 어릴 때부터 함께 시간을 많이 보내야 나이 들어 후회하지 않습니다.

비현실적인 주문일 수 있습니다. 하지만 시간이 훌쩍 지나 가족이 뿔뿔이 흩어져 연락도 하지 않는 관계가 되지 않기를 바란다면 지금이라도 달라져야 합니다.

H A R V A R D

✦ 2장 ✦

무엇이 아이를 특별하게 만드는가

운이 좋은 아이로 키우는 법

운이 좋은 사람

어느 날 큰딸이 "엄마, 나는 운이 참 좋아!"라고 말하더군요. "정말? 왜 그렇게 생각하니?" 하고 물었더니 "지금까지 무난하게 잘 살아왔잖아"라고 했습니다. 누군가 나에게 우리 딸들이 입시에 성공한 비결을 물을 때면 나는 "그냥 운이 좋았어요"라고 말하곤 합니다. 대부분 사람은 그 말을 곧이곧대로 믿습니다.

하지만 지난날을 돌아보면 다른 아이들이 경험하지 못한 험난한 경험을 여러 번 했고 불운을 피할 수 없었던 때도 많았습니다.

어릴 때부터 감기를 달고 살더니 두 돌이 채 안 된 어느 날 백혈병 검사를 해보자는 의사 말에 눈앞에 캄캄했던 적도 있습니다. 큰딸은 그만큼 허약한 아이였습니다.

어린 나이에 캐나다에 이민을 갔고 낯선 환경에서 친구를 사귀는 게 수월치 않아 마음고생도 많이 했습니다. 큰딸은 초등학교 5학년 때 엄마인 내가 중병을 앓는 바람에 학교도 중단하고 한국에 와서 새롭게 적응해야 했습니다. 다시 캐나다로 돌아갔을 때는 다니던 학교에 자리가 없어 몇 개월 동안 왕복 두 시간 거리의 학교로 통학하기도 했습니다. 제 등보다 크고 무거운 책가방을 메고 버스를 두 번이나 갈아타며 통학하던 모습을 떠올리면 지금도 안쓰럽습니다.

우리 가족은 결국 캐나다에 정착하지 못하고 한국으로 돌아왔습니다. 그때 큰딸이 초등학교 6학년이었습니다. 큰 딸이 두세 살 무렵부터 초등학교 저학년 때까지 캐나다에서 평균 6개월에 한 번씩 이사하거나 학교를 옮겨 다녔습니다. 한곳에 정착하지 못하는 부모 탓에 늘 불안정한 환경에서 살아야 했고, 다시 한국으로 돌아와 치열한 경쟁 사회에 적응해야 했으니 초년 운이 결코 좋은 것은 아니었습니다.

한국어가 어눌해 학교 수업을 잘 따라갈 수 있을까 하는 마음에 지원한 국제 중학교에도 불합격했습니다. 준비 없이 지원한 탓이었습니다. 고등학교 진학 과정에서도 수학 선행 학습을 하지 않았다는 이유로 원서 제출조차 거절당한 적이 있습니다. 국내 굴지의 대기업이 운영하는 사립학교로, 합격만 하면 대학교 학비도 지원받을 수 있었던 터라 실망감이 매우 컸습니다. 그러고 보니 진학 과정에서도 합격 운이 좋다고 말할 수는 없어 보이네요.

결국 큰딸은 일반 중학교에 들어가 학업 공백을 메꾸느라 힘겨워했습니다. 무엇보다 가장 어려운 일 중 하나는 친구를 사귀는 것이었어요. 같은 반 아이 하나가 딸아이를 만만하게 봤던지 함부로 대하고 괴롭힌 일이 있었습니다. 다행히 아이의 행동이 수상한 것을 눈치 채고 담임 선생님과 상의하여 원만히 해결할 수 있었습니다. 사실 큰딸은 초등학교 때부터 줄곧 좋은 친구를 만나는 게 쉽지 않았습니다. 좋은 친구를 사귀었다고 좋아할라치면 잦은 이사로 금방 헤어져야 했으니 친구 운도 좋은 편은 아니었습니다.

육아와 교육에 관한 지식도 없으면서 자기방식만 고집하는 철없는 부모를 뒀으니 부모 운이 좋다고 말하기도 어려워 보입니다. 게다가 부모가 대학교 학비를 걱정해야 할 정도로 벌어놓은 돈도 없었으니 재물복도 없었네요.

그뿐일까요. 돌아보면 아찔할 정도로 위험한 순간도 여러 번 있었고, 억울한 일, 힘든 일도 겪었습니다. 어느 시점에서도 편안하고 안락하게 살지 못했습니다. 그러니 사실 운이 좋다고 말할 수 없습니다. 그런데 그 모든 일이 지난 지금은 그때 그 불운 덕분에 지금의 행운이 찾아왔다는 것을 압니다.

아이는 어릴 때 이곳저곳 이사 다니며 새로운 환경에 적응하느라 애먹은 덕에 지금은 어디 가서 무엇을 하든 두려워하지 않게 됐습니다. 학교 폭력을 경험한 덕에 친구를 가려 사귈 줄 알게 됐고, 여전히 마음은 여리지만 만만하게 보이지 않게 독한 척하는 기술도 습득했습니다. 부당한 대우를 받았을 때 대처하는 법도 알게 됐습니다.

어딜가나 해야 할 일이 많은 것을 보면 일복은 타고난 것 같습니다. 중학교 때 학생회장이었던 아이가 제 할일을 하지 않아 딸이 대신 많은 일을 해야 했지만 그 덕에 좋은 비교과 활동에 주도적으로 참여할 기회를 얻었습니다. 국제 중학교에 불합격한 덕에 집 근처 중학교에서 한국식 공부를 원 없이 해볼 수 있었고, 특목고 진학의 꿈도 생겼습니다.

지원조차 거절당했던 자사고는 더 말할 것도 없습니다. 큰딸의 하버드 대학교 합격 소식을 들을 무렵 그 자사고가 해외 대학 준비반 자체를 없애버릴 정도로 쇠락했다는 뉴스를 접했습니다. 입학 지원서 제출조차 거절했던 그 학교 입시 담당 선생님께 고마울 지경입니다. 만약 그 학교에 합격했다면 대학교 입시 결과가 달라졌을지도 모르겠어요.

우리 가족이 캐나다와 한국을 오가며 떠돌이처럼 살면서 번 돈보다 쓴 돈이 더 많다는 걸 큰딸도 잘 알고 있었습니다. 부모가 경제적 여유가 없다는 것은 아이들에게 적지 않은 시련을 예고합니다. 장학금을 받기 위해 원치 않은 학교에 진학하거나 아르바이트를 하면서 근근이 학교에 다녀야 할 수도 있으니까요. 나는 딸이 조금이라도 학비 부담이 적은 대학교에 진학하기를 바랐습니다.

어느 날 딸은 하버드 대학교에 가고 싶다는 말을 했습니다. 큰딸이 하버드 대학교를 목표로 삼은 데는 그 학교가 명문이라서보다 학비를 걱정하지 않아도 된다는 이유가 더 컸습니다. 그 간절함이 아이에게 하버드 대학교에 지원할 수 있는 용기를 주었습니다. 나는 가끔 "부모가 가난한 덕에 넌 하버드에 간 거야"라고 장난스럽게 말합니다. 그러면 아이도 웃으며 고개를 끄덕입니다. 결핍이 행운을 가져다준 셈입니다.

요즘도 가끔 좋은 운을 타고난 우리 딸을 부러워하는 사람들을 만나곤 합니다. 이제 나는 운이 좋은 아이로 키우고 싶다면 몇 가지 원리만 터득하면 된다고 말해줄 수 있습니다. 한두 번 불운이 닥쳤다고 좌절해서는 안 됩니다. 분명 다음에는 크든 작든 행운이 찾아올 거라고 믿어야 합니다. 다만 불운이 계속된다면 하던 일을 멈추고 그곳에서 빠져나와야 합니다. 무엇인가 잘못됐기 때문입니다. 그리고 객관적으로 상황을 살펴야 합니다.

언젠가 어느 맘카페에서 자꾸 교통사고를 당하는 엄마가 하소연하는 글을 본 적이 있어요. 운이 없다며 장탄식을 늘어놨더군요. 그런데 글을 읽은 많은 분이 그건 운전미숙 탓이라며 다시 운전을 배우거나 운전을 하지 않는 게 좋겠다는 조언을 했습니다. 너무도 명백한 상황을 본인만 파악하지 못하는 게 신기할 지경이었습니다.

만약 본인이나 가족에게 같은 불운이 계속된다면 한 발자국만 물러서서 살펴보세요. 뭐가 잘못됐는지 객관적인 조언을 들어볼 필요도 있습니다. 아이의 학교생활과 관련된 일이라면 선생님을 만나야 하고, 건강과 관련된 일이라면 늦기 전에 의사를 만나야 합니다. 안전사고와 관련된 일이라면 주변 환경을 점검하고 무엇이 잘못됐는지 확인해봐야 합니다. 그리고 하루하루를 성실하게 살아가면 됩니다.

어차피 인생은 뜻대로 흘러가지 않습니다. 큰딸은 하버드를 졸업하고 영국의 옥스퍼드 대학교에서 석사를 마친 후 다시 미국의 예일 대학교 로스쿨로 갈 계획이었습니다. 하지만 코로나 때문에 미국으로 가는 것을 일 년 늦추고 옥스퍼드에서 박사과정을 시작했습니다. 일정에 차질이 생겼지만, 박사학위를 얻게 되었으니 그것으로 만족하고 있습니다. 2021년 가을에 다시 예일 대학교 로스쿨에 진학하기로 했습니다. 계획대로 이루어질지는 아직 알 수 없습니다. 만약 좀 더 일찍 로스쿨 진학을 결정했더라면 지금 어떤 상황에 놓였을까 생각하기도 합니다. 하지만 만약은 만약일 뿐입니다. 어느 쪽이 더 좋은 선택인지는 두 길을 모두 갈 수 없으므로 알 수 없습니다. 그저 결과가 좋기를 바라면서 성실하게 살아갈 뿐입니다. 다만 바꿀 수 없을 것 같은 운명을 노력해서 관리하는 사람도 있습니다.

운을 관리하는 사람

오타니 쇼헤이라는 일본인 야구 선수는 젊은 나이에 벌써 자신의 운명을 관리하는 법을 터득한 듯합니다. 이제 갓 20대 중반임에도 야구천재라는 호평을 들으며 미국 메이저 리그에서 선수 생활을 하고 있으니 그의 방법이 어느 정도는 통했다고 봐도 될 것 같습니다.

그는 자신이 할 일을 계획표에 정리하는 습관이 있다고 합니다. 그런데 그의 계획표에는 좀 특이한 항목이 있습니다. 인간성과 운에 관한 실천 목표입니다. '감성, 사랑받는 사람, 계획성, 감사, 지속력, 신뢰받는 사람, 예의, 배려'라는 실천을 통해서 인간성을 키우고, '인사하기, 쓰레기 줍기, 심판을 대하는 태도, 책 읽기, 응원받는 사람, 긍정적 사고, 물건을 소중히 쓰기'라는 실천 항목을 통해서 운을 관리하겠다는 것입니다.

오타니 쇼헤이는 운을 통제할 수 없는 외부 요인으로 간주하지 않고 계획과 실천을 통해서 관리할 수 있다고 믿었던 것 같습니다. 실천 항목의 맥락을 보면 타인의 평판이 운을 주관한다고 생각한 것 같아요. 인간관계가 잘못되면 아무리 성실하고 실력이 좋아도 목표를 이루기 어렵다는 것을 깨달은 것입니다.

젊은 사람이 벌써 그런 깨달음을 얻은 비결은 무엇이었을까요? 아마도 현명한 어른의 지도가 있었거나 인생에 대한 깊은 성찰의 결과가 아닐까 싶어요.

가끔 오늘의 운세나 일 년 운세를 재미 삼아 봅니다. 그런데 나를 항상 신경 쓰이게 하는 단어 하나가 있습니다. 바로 '귀인'이라는 단어예요. 내가 주변에서 가장 부러워하는 사람 중에 한 부류가 인복이 있는 사람입니다. 인복은 인맥과는 다른 의미입니다. 주고받는 관계보다는 필요할 때 적절한 도움을 주거나 기회를 물어다 주는 사람을 귀인이라고 하는데, 인맥이 좋아야 인복도 있겠지만 인맥이 좋다고 모두 인복이 있는 것은 아닙니다.

우리 큰딸은 어떤 복보다 인복이 좋은 편입니다. 유치원부터 대학교, 대학원에 이르기까지 항상 인복이 따랐습니다. 성실하게 노력하는 모습이 가상해서 주변 어른들이 좋게 봐준 덕도 있겠지만, 주변에 항상 귀인이 존재했습니다. 정말 타고난 운명이란 게 있는 걸까 싶었습니다.

그런데 이사하느라 짐을 싸다가 발견한 큰딸의 오래된 다이어리를 들여다보다가 딸이 그동안 의도치 않게 인복을 관리해온 것을 알게 되었습니다.

딸은 초등학교 때부터 지금까지 꾸준히 깨알 같은 글씨로 다이어리를 쓰고 있었는데 특이한 내용이 있었습니다. 초등학교 담임 선생님이 아이들에게 들려준 삶의 가르침을 받아 적은 것이었습니다.

다른 사람의 마음을 헤아릴 줄 아는 사람이 인간관계가 좋다. 감사할 줄 알아야 좋은 사람과 친구가 될 수 있다. 부지런히 남을 도와야 나도 도움을 받을 수 있다. 신뢰를 얻지 못하는 사람은 리더가 될 수 없다. 실력이 신뢰를 만든다. 실력이 있다고 해도 내가 무엇을 하고 싶은지, 무엇을 할 수 있는지 알리지 않으면 누구도 나를 도와줄 수 없다. 누군가가 나를 돕게 하려면 그 사람이 나를 돕는 것이 헛되지 않다는 확신을 주어야 한다. 동료와 협력을 할 때 상대가 양보 받고 있다고 느끼고 빚진 기분이 들도록 하라. 진심이 없는 관계는 무너지기 쉽다. 너의 성공과 실패는 너를 도와줄 사람이 있느냐 없느냐에 달렸다.

딸은 단순히 메모해두는 데 그치지 않았습니다. 선생님의 어록 아래에는 실천 항목까지 빼곡히 적혀 있었습니다. 예를 들면 '남을 도와야 도움을 받을 수 있다'는 문구 아래에는 언제 누굴 왜 도왔는지 적혀 있었습니다. '감사할 줄 알아야 좋은 사람과 친구가 될 수 있다'라는 문구 아래에는 누구에게 어떤 감사를 표할 것인지 구체적인 계획이 적혀 있었습니다. 그리고 언제 그 감사를 표했는지, 상대의 반응은 어땠는지 결과까지 적혀 있었습니다. '무엇을 하고 싶은지 알려야 한다'는 문구 아래에는 어떤 일을 하고 싶은지, 목표를 이루기 위해서 실천해야 하는 것은 무엇인지, 선생님이나 선배들에게 조언을 듣거나 친구들과 의견을 나눈 내용이 깨알 같은 글씨로 요약돼 있었습니다.

큰딸은 한국에 돌아와서도 비슷한 실천을 했고 그 내용을 틈틈이 기록해두었습니다. 성경에 오른손이 한 일을 왼손이 모르게 하라는 구절이 있습니다. 하지만 우리 딸은 오른손이 한 일을 왼손뿐만 아니라 주변 사람들에게까지 알려야 한다고 믿는 것 같았습니다.

숨어서 좋은 일을 하는 것이 미덕인 사회에서 자신이 한 일을 드러내놓고 이야기하는 게 어색할지도 모르겠습니다. 하지만 적절한 방법으로 자신을 드러내고 알려야 합니다. 우리 딸은 모르는 것이 있거나 도움이 필요할 때 주저하지 않고 선배나 어른에게 손을 내밀었고 상대를 존중함으로써 자기편을 만들어나갔습니다. 어른들 세계에서 '처세술'이라고 말하는 방법을 이미 알고 있는 것처럼 보였습니다.

다이어리에 중학교 때 담임 선생님이 써준 엽서가 꽂혀 있었습니다. 내용을 보니 딸이 삶에 대한 계획과 고민을 선생님들과 나누고 조언을 구했던 것 같았습니다. 다행히 선생님은 아이의 고민을 귀담아 들어주고 걸맞은 길을 편지 형식으로 제시해주었더군요. 아마 아이의 성실함과 열정을 무시할 수 없으셨던 것 같아요.

큰딸은 고등학교 때도 수시로 선생님들과 대화를 나누었고 비교과 활동을 하면서 도와주셨던 어른들과도 자주 소통했습니다.

성실하게 일하고 공부하는 것에 그치지 않고 자신의 노력과 열정을 주변 사람들에게 보여주기 위해 애썼습니다. 또한, 기회를 놓치지 않고 감사를 표했습니다. 지금도 뜻이 맞는 친구들과 좋은 관계를 유지하기 위해서 노력 중입니다. 초등학교 때부터 연습해 온 사람을 대하는 태도가 이젠 습관이 되어 자연스럽게 인맥을 관리할 수 있게 된 듯합니다.

 인복이 좋은 사람

사람은 누구나 크고 작은 성공과 실패를 반복하며 살아갑니다. 그중 사람이나 관계 때문에 쓰러지는 일도 많습니다. 그런데 사람 덕분에 다시 일어설 힘을 얻기도 합니다. 그러니 세상을 살아가며 가장 중요하게 생각해야 하는 복은 인복입니다.

성공한 위인들은 반드시 고난과 시련의 시기를 거쳤습니다. 늘 성공만 한 위인이 존재한다는 이야기는 들어본 적이 없습니다. 그도 그럴 것이 사람은 실패와 좌절을 통해서 성장하기 때문입니다. 그런데 한결같이 결정적인 순간에 귀인이 나타나 성인들을 도와줍니다. 마치 우연 같지만, 사실은 인복을 미리 관리해둔 덕분입니다.

엇비슷한 실력을 갖춘 경쟁자들의 우열을 가리는 중요한 요건

중 하나는 주변 사람들의 평판입니다. 진정성 없는 아부나 불성실한 태도로는 좋은 평판을 얻을 수 없습니다. 좋은 평판을 얻으려면 성실하고 부지런하고 실력도 갖추어야 합니다. 그리고 무엇보다 주변 사람들이 알 수 있게 자신을 드러내야 합니다.

사회적 성공을 거두려면 운도 좋아야 합니다. 하지만 인복을 관리하지 않는다면 아무리 다른 운이 좋아도 궁극적인 성공을 장담할 수 없습니다. 운도 관리할 수 있습니다. 부모는 아이에게 인복을 관리하는 비법을 알려주고 실천하도록 이끌어야 합니다.

기회의 신은 노선버스처럼 옵니다

"엄마, 카를로스라는 신 알아?" 작은딸이 초등학교 저학년이던 어느 날, 퇴근하고 집에 들어가는 내 얼굴을 마주하고 했던 첫마디입니다. "모르는데?" 했더니 아이가 신나게 들려준 이야기는 그 당시 유행처럼 회자하던 '기회의 신 카를로스'에 관한 것이었습니다.

이탈리아 토리노 박물관에는 특이한 조각상이 있습니다. 많은 신(神)상이 그렇듯 이 신상도 벌거벗은 모습입니다. 풍성한 머리카락이 이마를 덮고 있지만, 뒤통수는 민머리입니다.

풍성한 앞 머리카락에 얼굴이 가려 사람들이 카를로스를 쉽게 알아차리지 못한다고 합니다. 그리고 뒤통수에 머리카락이 없으니 지나쳐간 카를로스는 잡을 수가 없답니다. 옷이라도 입고 있다면 옷자락을 잡으면 되겠지만 벌거벗고 있으니 마땅히 잡을 곳이 없어 보이긴 합니다. 게다가 발에 날개가 달려 쏜살같이 지나쳐버리기 때문에 따라잡기도 쉽지 않습니다. 왼손에는 저울과 오른손에는 칼을 들고 있는데, 정확한 판단과 결단의 필요성을 강조하기 위함이라고 해요. 한때 자기계발서나 강연에 자주 등장하던 이야기입니다. 학교 선생님에게 들은 카를로스의 이야기가 재미있었는지 아이는 퇴근한 엄마를 보자 술술 이야기했습니다.

하지만 나는 아이들에게 기회는 언제든지 돌아올 테니 카를로스의 앞머리를 잡아채기 위해서 늘 긴장하고 살 필요는 없다고 말해주었어요. 카를로스가 아무리 날쌔다고 해도 자동차나 비행기만큼은 빠르지 않을 거라고 했더니 두 딸 모두 신나게 웃어젖히더군요. 나는 요즘은 스스로 기회를 만드는 사람들도 많으므로 굳이 카를로스를 기다릴 필요가 없다는 말도 덧붙였습니다.

지금까지 살아오면서 보니 '기회'라는 녀석은 눈치채기 어렵게 갑자기 왔다가 쏜살같이 사라지는 것이 아니었습니다. 그리스 시대에는 기회가 카를로스처럼 왔는지 모르겠지만 현대사회에서 기회는 노선버스처럼 옵니다. 잡으려는 의지만 있다면 언제든 다시 올라탈 수 있는 노선버스 말입니다. 같은 목적지로 가는 노선버스는 한 대가 아닙니다. 버스비가 비싸고 자주 오지 않지만 고

속으로 가는 버스도 있고, 저렴한 비용으로 목적지까지 갈 수 있는 우회버스도 있습니다.

요즘은 내가 타야 할 버스번호만 알면 버스가 언제 올지도 알 수 있습니다. 갈아타는 것도 어렵지 않습니다. 버스를 놓쳤다고 낙심할 필요도 없습니다. 물론 다음 버스를 기다리기 위해서 견뎌야 하는 시련은 감수해야 합니다. 날씨가 험악할 때는 잠시 비바람을 피할 공간이 필요할 테고, 다음 버스를 기다릴 인내심도 필요할 거예요. 승객이 너무 많아서 힘겹게 탈 수도 있고 그마저도 밀려나서 못 탈 수 있을 거예요. 그럴 때는 목적지를 수정하거나 돌아가는 노선을 선택할 용기가 필요합니다. 버스 정류장까지 가는 수고를 마다하면 안 됩니다. 그리고 버스비를 미리 준비하고 있어야 한다는 것은 말할 필요 없습니다.

20여 년 전 우리 가족이 초기 이민자로 캐나다 작은 마을에 살 때의 일입니다. 어느 해 한 중년 부부가 대학생 아들과 중학생 딸을 데리고 교회에 방문했습니다. 사회적으로 성공한 데다 자식도 잘 키워낸 모범적인 가정이라서 부족함이 없어 보였어요. 용모가 수려하고 명문대학교 이공계에 다닌다는 '엄친아'는 예배 시간에 성가대와 화음을 맞추던 첼로 솜씨마저 훌륭했습니다. 그런데 내가 그를 기억하는 이유는 그의 수재다운 면모 때문은 아니었어요.

어느 날 교인들과 친해진 그 엄친아의 엄마가 중보기도 모임에서 한참을 망설이다가 털어놓은 사연이 예사롭지 않았습니다. 아들은 자라는 동안 줄곧 모범생이었고 공부도 잘했다고 했습니다. 그런데 그렇게 가고 싶어 하던 대학교에 입학한 후에 문제가 생겼답니다. 고등학교 때와는 다르게 건성으로 학교에 다니다가 군대를 다녀와서는 급기야 자살 시도를 몇 차례 했다는 거예요. 자신은 너무 못나서 살아갈 필요조차 없다며 말이죠. 아들이 왜 그러는지 알 수 없어 정신과를 전전하면서도 곧 나아질 거라고 생각했답니다. 그런데 모든 문제의 원인이 그토록 갈망했던 명문대 안에 있었다는 것을 알게 된 후로 더욱 막막해지고 부모도 죽고 싶은 지경이 되었답니다.

아들이 그 학교를 계속 다닌다면 언젠가 스스로 삶을 포기하게 될 것 같아 학교를 그만두기로 했지만, 주변의 눈이 두려워 한국에 남아 있을 수 없었답니다. 어디로든 멀리 떠나야겠다는 생각으로 무작정 캐나다까지 오게 됐다고 했어요. 하지만 언제든 한국의 원래 자리로 돌아가는 게 엄마의 바람이었습니다.

그 집 아들의 사연은 말하기 좋아하는 교인들의 입방아에 한동안 오르내렸습니다. “잘나고 불행한 것보다 평범하고 행복한 게 낫지”라며 자조 섞인 한숨을 짓는 이도 있었고, 자녀교육에 관심이 많거나 심리학과 인문학에 조예가 깊은 이는 아이가 왜 그렇게 됐는지 그럴듯한 분석을 내놓기도 했습니다. 신앙심 깊은 누군가는 ‘부족함 없이 다 갖고도 감사할 줄 모르는 오만한 녀석’이라며 힐난하기도 했습니다. 나도 덩달아 “뭐가 부족해서 그렇게 됐을까? 공부가 너무 힘들었나 보다"라며 안타까워했습니다. 우리 중 누구도 그 청년을 이해하지 못했습니다.

그 가정은 얼마 지나지 않아 미국으로 떠났습니다. 한참 시간이 지난 후 청년이 여러 지역을 거쳐 미국 어느 작은 도시에 자리 잡아 이름 없는 커뮤니티 칼리지에 다닌다는 소식을 전해들었습니다. 한국에서 다녔던 학교에 비하면 나락으로 떨어졌다고 해도 과언이 아니었습니다. 우리는 엄친아 엄마에 감정 이입되어 "아깝다"라며 아쉬워했습니다.

그리고 그 가족에 대한 소식을 까마득히 잊고 있었는데 얼마 전 내 SNS 친구 추천목록에 그 가족의 아들이 보였습니다. 벌써 20여 년 전 잠시 스친 인연인지라 한눈에 알아본 것은 아니에요. 그래도 어렴풋이 낯익은 얼굴이라 프로필 사진을 클릭했습니다. 화목한 가족사진 속에서 그의 엄마 얼굴을 보고서야 오래전 일을 기억해냈습니다. 그리고 그가 치과 의사가 되어 있는 모습에 다시 한 번 눈이 크게 떠졌습니다.

도대체 그동안 무슨 일이 있었기에 한때 모두의 걱정을 샀던 청년이 이제는 한인 교포들에게 인기 많은 의사가 되었을까요? 그 사람의 역경을 되짚어 수소문해보자면 어려울 것도 없습니다. 하지만 나는 그쯤 해서 SNS 창을 닫았습니다. 한 청년이 노선버스처럼 다시 돌아온 기회를 용케도 잘 잡아탔구나 생각하며 말이죠.

나는 이제 고작 50여 년을 살았습니다. 나도 수많은 노선버스를 놓쳐봤습니다. 목적지에 도착해보니 내가 원하던 곳이 아닐 때도 있었습니다. 지금은 버스를 갈아타기 위해 큰 용기를 내는 중입니다. 또 다른 목적지가 생겼기 때문입니다. 우리 딸들도 어쩌면 지금보다 더 먼 목적지를 향해 가는 버스를 기다리고 있는지도 모릅니다.

나는 아이들에게 인생을 살다 보면 목적지를 바꿀 수도 있고 버스를 놓칠 수도 있지만 그렇다고 인생 전체를 놓치는 것은 아니라는 이야기를 해주고 싶습니다. 버스나 비행기, 심지어 도착지까지 가려면 시간이 아주 오래 걸리는 배조차 때가 되면 내 앞에 와서 정차하고 문을 열어줄 테니까요.

비교과 활동이 중요한 이유

캐나다의 경우 입시정책에 있어서만큼은 이렇다 할 시빗거리가 없습니다. 한국이나 미국에 비해서 기회가 공평하고 평가 항목이 단순하기 때문이에요. 그마저도 고등학교 내신 경쟁이 치열하지 않아 마음만 먹으면 누구나 대학교에 갈 수 있어요. 비교과 활동은 학교 성적이나 입시와 무관합니다. 그런데도 많은 아이가 비교과 활동을 하는 이유는 진정한 의미의 살아 있는 교육 기회가 학교 밖에 훨씬 더 많다는 것을 잘 알기 때문입니다.

그러나 입학이 쉽다고 해서 졸업까지 쉬운 것은 아니에요. 토론토 대학의 경우 4년 졸업률이 43%에 불과합니다. 토론토 대학교는 세계 대학 순위에서 꾸준히 20위권을 유지하고 있지만, 졸업률만큼은 항상 저조한 성적을 보입니다. 재학 중 다양한 활동을 하느라 졸업을 늦추는 일도 있지만 멋모르고 입학했다가 성적이 좋지 않아 유급을 당하거나 뒤늦게 전공을 바꾸거나 학교를 그만두는 학생도 많습니다.

토론토 대학교의 정책은 많은 학생과 학부모에게 원성을 사고 있지만 수십 년째 같은 방법으로 학생들을 학교에서 내쫓고 있습니다. 일면 '공부에 자신 있으면 들어와 봐라' 하는 것처럼 보입니다. 자신의 학업 능력과 적성을 파악하지 못한 학생이라면 시간과 경제적 낭비를 할 수밖에 없는 구조입니다. 다만 캐나다는 상대적으로 대학교 학비도 저렴하고 사회보장제도 덕분에 가난한 학생도 학비 걱정 없이 대학교에 다닐 수 있어요. 굳이 명문대학교를 졸업하지 않아도 취업에 불이익이 없어서 토론토 대학을 졸업할 필요 없이 다른 길을 찾아가면 그뿐입니다.

반면 미국은 캐나다와 여러 가지 면에서 큰 차이를 보입니다. 미국의 대학교 입시제도는 너무 복잡합니다. 명문대학교를 지원하려면 많은 표준 시험을 봐야 합니다. 가난한 아이들은 표준 시험을 다 준비하기 어려울 정도로 비용도 만만치 않습니다. 이미 불평등과 불공정이 고착화되어 인종과 성별, 부모의 능력, 외모와 장애 여부에 따라 할 수 있는 것과 할 수 없는 것이 극명하게 나뉩니다.

가난한 동네와 부자 동네의 교육 격차는 상상을 초월할 정도입니다. 어마어마한 학비 탓에 아무나 대학교에 갈 수 없습니다. 학비 지원 프로그램이 잘 돼 있는 학교도 많지만 누구에게나 공평한 기회가 주어지는 것은 아닙니다. 모든 게 치열한 경쟁이기 때문입니다. 게다가 실수와 실패가 용납되지 않는 사회입니다. 단 한 번의 실패로 나락에 떨어지면 다시 회복하기 어려운 사회입니다. 진로를 선택하고 대학교에 진학하는 것도 신중하게 결정해야 합니다. 따라서 자신의 적성을 정확하게 파악하고 현실적인 조건에 맞는 길을 따라가야 합니다.

대학교도 마찬가지입니다. 학생을 선발할 때 실패하지 않고 대학교에 잘 적응해서 문제없이 졸업한 후 사회적 성공을 이룰 가능성이 큰 학생을 선발하는 데 모든 관심이 집중되어 있습니다. 가장 효율적인 방법이 입학사정관제입니다. 처음 입학사정관제를 시행할 때는 공부(만) 잘하는 유대인에게 불이익을 주기 위해서였다고 해요. 하지만 그 덕에 비교과 활동을 통해 어릴 때부터 적성을 찾아 진로를 탐구하고 능력을 기른 학생이 대학교에서도 잘 적응하고 사회에 나가 성공할 가능성도 크다는 것을 대학교들은 알게 된 거예요.

입학사정관제의 중심에는 비교과 활동이 있습니다. 미국의 비교과 활동은 말 그대로 학교 바깥에서 성적과 상관없이 하는 활동입니다. 능력껏 무엇을 하든 제약이 없어요. 물론 부모의 능력이 곧 학생의 능력이 되는 사회에서 다양한 부정과 비리가 판을 치고 불공정과 불평등에 피해자도 많습니다. 그럼에도 불구하고 미국의 중고등 학생들에게 비교과 활동은 자신의 적성을 찾아가는 데 아주 효율적인 항목입니다.

한국은 2000년대 초반에 미국식 입학사정관제를 도입한 후 시간이 지나면서 형태와 내용을 조금씩 바뀌어 수시 전형이 정착되어가고 있습니다. 학교마다 각양각색의 방법으로 학생을 선발하고 있고 지원자를 심사하는 기준도 여러 가지입니다. 하지만 그 뿌리는 여전히 미국식 입학사정관제입니다.

엉덩이 힘으로 공부에 매진하는 정시파 중에는 비교과 활동 시간이 아깝다고 느끼거나 수시를 정당하지 않은 제도라고 폄하하는 사람도 있어요. 학생들의 비교과 활동에 대한 효율성과 공정성을 트집 잡고 교육적 가치에 대한 논란이 끊임없이 제기되고 있어요. 입학사정관제를 비롯한 수시 제도가 한국의 실정에 맞지 않는다는 의견도 많습니다. 일제 강점기 이후로 주입식 교육이 수십 년간 이어져왔으니 어쩌면 당연한 일일지도 모르겠어요.

최근 유명 인사 자녀들의 특혜 논란이 불거지면서 수시 전형에 대한 회의론이 더 거세졌습니다. 입시에서 인정받을 수 있는 비교과 활동에 제한을 두기 시작했고, 학교 밖에서 하는 비교과 활동은 시간을 낭비하는 것처럼 돼버렸습니다.

그런 이유로 한국의 입시에서 비교과 활동은 선택의 폭이 너무 좁습니다. 공정과 공평을 내세우며 아이들을 학교 안에 가두는 정책입니다. 학생들이 공부에만 매진하지 말고 자신의 특성을 살려 진로를 탐색하라는 취지로 입학사정관제를 도입했는데 여전히 아이들을 학교 틀 안에 가두고 있어요.

그러나 한국의 대학교들은 어떻게든 학교 성적 이외의 능력을 입시심사에 반영하려고 애씁니다. 이유는 간단합니다. 사회에서 제 역할을 하지 못하는 '고학력 바보'를 양산하는 대학교는 더 이상 명문대학교의 지위를 지킬 수 없다는 것을 알기 때문입니다. 그래서 미국의 유명 대학교의 '요령'을 그대로 따라 하는 것입니다. 앞으로 점점 경쟁이 치열해지면 치열해질수록 한국의 대학교는 지원자의 공부 외적인 능력에 주목할 게 분명합니다.

물론 비교과 활동은 입시에 성공하기 위해서만 필요한 게 아니에요. 자신의 적성과 진로를 찾는데 비교과 활동만큼 확실한 것이 없습니다. 경험을 통해서 배우는 것도, 깨닫는 것도 많기 때문이에요. 우리 큰딸 역시 입시 때문에 비교과 활동을 한 것은 아니에요. 처음부터 미국 대학교를 준비했던 것도 아닙니다. 비교과 활동이 입시에 영향을 주지 않는 캐나다의 학교에 지원할 생각이었던 터라 순수하게 적성과 진로에 대한 비전을 찾아 나선 것이었어요. 그 덕분에 마음 편하게 하고 싶은 것을 할 수 있었습니다.

화려한 스펙을 만들려 하기보다 하고 싶은 것, 경험해보고 싶은 활동에 우선순위를 두었어요. 만약 입시에 연연했다면 비교과 활동의 결과물에 연연하느라 정작 하고 싶은 일은 못 했을 거예요. 내신 성적과 공인 시험에서 최고 점수를 받기 위해 시간을 보내느라 마음 편하게 비교과 활동을 할 수 없었을지 모릅니다. 그저 하고 싶은 일을 찾아서 즐기다 보니 훨씬 다양한 경험을 할 수 있었던 거예요.

그중에 큰딸이 유난히 좋아했던 비교과 활동이 있어요. 캐나다에서 초등학교에 다닐 때부터 해오던 '국제 인권단체 활동'입니다. 큰딸은 학교 친구들과 인권단체 캠페인에 참여하여 간행물을 읽고 토론을 하더니 한국에 돌아와서도 시간 날 때마다 인권단체 행사에 참여했어요.

캐나다의 인권단체 행사에는 부모 손을 잡고 참여하는 아이들이 많았는데, 한국의 인권단체 행사에는 학생이 없었습니다. 아마 공부하기도 바빠 시간을 낼 수 없었거나 봉사점수를 받을 수 없는 활동에는 참여하지 않기 때문일 거예요. 그도 그럴 것이 큰딸이 활동하던 인권단체는 자원봉사 확인서를 발급하지 않았어요. 순수하고 자발적인 참여가 아닌, 봉사점수와 추천서에만 관심 있는 중고등 학생의 참여를 달가워하지 않았습니다. 다른 인권단체들이 봉사점수로 청소년의 참여를 유도하는 것과는 상반되는 모습이었어요. 그래서인지 국제적으로 유명한 인권단체임에도 중고등 학생들의 참여가 매우 저조했습니다.

딸은 중학교 때부터 고등학교 3학년 때까지 꾸준히 참여한 덕에 단체장의 인정을 받아 청소년 그룹을 만들 수 있었어요. 덕분에 어른들만 참석하던 그룹장 회의에 고등학생 신분으로 참석하게 되었습니다.

아이가 국제 인권단체 활동에 쏟아붓는 시간과 열정이 과하다 싶을 때도 여러 번 있었어요. 주중과 주말을 가리지 않았고 밤늦은 시간까지 행사나 모임에 참여했습니다. 심지어 고등학교 2학년 중간고사 하루 전에 그룹장들이 모이는 정기 회의에 참석하겠다면서 조퇴를 허락해달라는 연락이 왔어요. 아무리 입시에 연연하지 않는다고 해도 최소한 내신 성적은 신경 써야 하는데 중간고사까지 소홀히 하는 것 같아 걱정스러웠습니다.

하지만 나는 "하버드 지원할 것도 아닌데 하고 싶은 대로 해라" 라고 말했고, 아이는 "그렇지? 마음 편하게 하고 싶은 것 해도 되겠지?"라며 웃었습니다. 나와 딸은 이런 대화를 자주 주고받았어요. "엄마, 내가 읽고 싶은 책이 있는데 시험 기간이라서 마음 편하게 읽을 수가 없네. 어쩌지?" 하면, "하버드 지원할 것도 아닌데 읽고 싶은 책 읽어라" 하거나, "엄마, 재미있는 퀴즈대회가 있어서 거기 출전하려면 시험공부 할 시간이 없을 것 같은데 어쩌지?" 하고 물으면 "네가 알아서 해라. 하버드 지원할 것도 아닌데 뭐 그렇게 시험 점수에 연연하니?"라고 답했습니다. 우리는 늘 그런 식이었습니다.

"엄마, 다른 애들은 AP 시험을 벌써 몇 개나 봤다던데 나는 어쩌지?" 하거나 "SAT 점수가 좀 아쉬운데 한 번 더 볼까?" 할 때도 "하버드 지원할 것도 아닌데 그만하면 됐어"라며 격려했습니다. 아이도 "그렇겠지?" 하고 안심했습니다. 농담처럼 주고받은 말이지만 어쩌면 아이와 나 모두 명문대학교 진학에 대한 마음속 욕망을 그런 식으로라도 외면하려 했던 것 같아요. 우리가 말한 하버드는 명문대학교라는 명사를 가름하는 단어였습니다.

사실 명문대학교에 지원할 생각을 할 만큼 자신감도 없었지만, 명문대학교에 가기 위해 남들 하는 방식대로 따라 하라고 채근하지 않았던 이유는 아이들이 삶을 대하는 태도가 입시보다 중요하다고 여겼기 때문이에요. 나는 이민과 유학 업무를 하면서 예상치 못한 곳에서 길을 잃고 헤매거나 지나온 길을 후회하는 사람들을 많이 보았어요. 대부분 자기 스스로 적성을 찾고 진로를 개척해본 적 없는 사람들이었습니다. 지난 삶을 후회하거나 부정하는 사람들은 어느 날 갑자기 이민이나 유학을 떠나기도 합니다. 삶의 목표와 계획을 혼자 힘으로 수정하는 데 미숙한 사람들은 갑자기 무모한 도전을 하기도 합니다. 마치 도망자처럼 떠나버리거나 한풀이라도 하듯 역행을 합니다. 그러면 당연히 실수와 실패가 많습니다. 늦은 나이의 실패는 치명적일 확률이 높습니다.

어릴 때부터 삶을 주체적으로 살아온 사람들은 같은 선택을 하더라도 신중하고 치밀합니다. 무엇보다 자신의 선택과 도전을 즐깁니다. 실수와 실패마저 의연하게 받아들이고 회복도 빠릅니다.

나는 우리 딸이 자기 삶을 스스로 개척하고 즐기기를 바랐어요. 욕심내지 않고 차근차근 계단 올라가듯, 힘들 때는 쉬어가고 갈림길에서는 충분히 숙고하며 현명한 선택을 할 수 있다면 바랄 것이 없다고 생각했습니다. 그래서 급하게 몰아세우지 않았습니다. 무엇엔가 쫓기느라 마음에 여유가 없다면 옳은 길을 찾아가기 어렵습니다.

설령 명문대학교에 진학하지 못하더라도 삶을 즐기며, 자신이 원하는 일, 재미있는 일을 찾아서 하다 보면 학교에서 배우는 것보다 더 중요한 것을 배울 수 있을 거라고 기대했습니다. 그러면 시간이 걸리더라도 결국 스스로 원하는 곳에 도달할 수 있다고 확신했습니다.

입시경쟁을 핑계 삼아 정작 경험해야 할 것을 등한시한다면 어느 먼 훗날 때늦은 방황을 할지도 모릅니다. 자신의 적성을 찾아 진로를 탐색하는 시기는 이를수록 좋습니다. 내가 캐나다에 살면서 배운 삶을 대하는 자세이자 어린 자녀의 장래를 준비하는 방법입니다.

다행히 내 의도대로 아이는 학교에서 교과서로 배운 것보다 비교과 활동을 통해 보고 느끼면서 배운 것이 많았습니다. 인권의 중요성을 깨닫고 연대의 필요성과 방법을 배웠습니다. 어른들의 세계를 좀 더 일찍 들여다보고 사회단체는 어떤 식으로 운영되는지 몸으로 경험하며 익혔습니다.

소수자와 약자의 권리에 관심을 갖고 인권과 노동법 분야에 관심을 갖기 시작했습니다. 자본주의 사회에서 부품처럼 소모되는 인간의 문제를 들여다보기에 이르렀습니다. 감성적인 차원에서 접근하기보다 구조적인 문제가 무엇인지 알고 싶어 했습니다. 어떤 공부를 하고 무슨 일을 해야 자신이 관심 있는 분야에서 일할 수 있는지 생각하고 어릴 때부터 꿈꾸던 변호사가 되는 길을 찾아보게 됐습니다. 국가마다 법조인이 되는 길이 다르다는 것도 알게 됐습니다.

국가의 역할과 사회구조에 관한 책을 읽고 법철학까지 확장해 나갔습니다. 해당 전공과 관련된 동영상 강의를 찾아 들었습니다. 고등학교 교과목과 관련이 없고 비교과 활동으로 인정받을 수 없지만, 진로 탐색을 위해서 반드시 필요한 공부였습니다. 고등학교 3년 동안 아이는 명문대학교에 가겠다는 생각보다 무엇을 하고 싶은지, 왜 그 일을 하고 싶은지, 목표를 이루려면 어떤 과정을 거쳐야 하는지에 대해 생각했습니다. 변호사는 단지 하고 싶은 일을 하는 데 도움이 되는 직업일 뿐이라고 생각하고, 만약 변호사가 될 수 없으면 인권이나 노동법과 연계된 다른 직업과 활동을 하는 방법까지 알아뒀습니다.

SAT 시험 점수를 위해 학원에 다니는 대신 비교과 활동에 시간을 쏟았습니다. 내신관리를 위해서 간헐적으로 학원에 다니기는 했지만, 그마저도 꼭 필요한 과목에만 집중했습니다. 대학교 이름에 연연했다면 입시에 도움이 되지 않을 것 같은 활동에 그렇게 많은 시간을 투자하지 못했을 거예요. 치열한 경쟁을 뚫어야 하는 미국 대학교 입시를 피해 캐나다 대학에 진학할 생각으로 편안하게 하고 싶은 것을 했을 뿐인데 아이러니하게도 그 덕분에 하버드 대학교에 합격할 수 있었습니다.

큰딸이 말하길, 비교과 활동을 통해 얻은 진정한 성과는 자신이 하고 싶은 일이 무엇인지 찾고 인생의 목표를 정한 것이라고 해요. 만약 하버드 대학교가 아닌 유명하지 않은 어느 대학교에 진학했다고 하더라도 인생의 행로에는 큰 차이가 없었을 거라고 합니다. 나도 동의합니다.

비교과 활동을 해야 하는 이유는 대학교 지원서에 들어갈 스펙 때문이 아니라 아이 스스로 자신을 알아가는 과정이기 때문입니다. 입시를 핑계로 그 소중한 시기를 놓친다면 시간이 지나 엉뚱한 길 한가운데서 길을 잃게 될지 모릅니다.

대학교에 들어가서 해도 늦지 않다고요? 그럴지도 모릅니다. 하지만 나는 이민 유학 상담을 하면서 대학교 전공 선택을 잘못했다며 후회하는 많은 젊은이들을 만났습니다. 어디서부터 되돌려야 할지 몰라 방황하는 사람도 많았습니다.

한국에서 입시에 도움이 되지 않는 비교과 활동에 시간을 투자할 용기를 내기란 쉽지 않습니다. 따라서 부모는 주어진 환경 안에서 아이가 주도적으로 적성을 찾고 삶의 목표를 정할 수 있게 도와줘야 합니다. 입시에 유리한 것을 억지로 하기보다 오롯이 진로탐구에 초점을 맞춰 다양한 활동을 해보길 권해보세요.

아이가 자신의 적성과 신념에 따라 비교과 활동을 해야 하는 중요한 이유 한 가지를 더 덧붙이자면, 공부해야 할 이유를 스스로 찾게 하기 위함입니다. 막연히 좋은 대학교에 가야 한다는 말로는 아이 스스로 공부하게 하지 못합니다. 공부는 하고 싶은 일을 하기 위한 준비 과정이고 목표를 이루기 위한 수단일 뿐이라는 것을 아이도, 부모도 알아야 합니다. 당연히 아이가 옳은 가치관을 세우는 데 시간을 투자해야 합니다. 공부하지 않아도 인생의 목적을 이룰 수 있다면 억지로 공부할 필요가 없다는 것을 요즘 아이들은 너무도 잘 압니다. 비교과 활동은 아이 스스로 인생의 꿈과 목표를 찾고 공부해야 하는 이유를 찾는 지름길입니다.

도망치는 것을 수치스러워하지 마세요

내가 딸들에게 자주 하는 말이 있어요. "도망칠 수 있을 때 도망쳐라. 패배자라는 손가락질 받기 싫어서 죽음을 무릅쓰고 싸우는 미련한 짓은 하지 마라. 도망치는 것을 부끄러워하지 마라."

내가 그런 말을 아이들에게 하는 이유는 스스로 도망치는 인생을 살아왔지만 큰 후회가 없기 때문이에요. 오히려 도망친 덕에 얻은 것이 더 많았습니다. 누군가는 비겁하다거나 나약하다고 비난할지 모르겠습니다. 하지만 버티고 참고 극복하는 삶만큼이나 적절한 시기에 적당한 길을 찾아 도망가는 용기도 필요합니다. 늘 딸들에게도 미련하게 버티기보다 요령껏 피해가라고 말해왔습니다. 아이러니하지만 나는 우리 딸들이 요령껏 도망갈 곳을 찾아가다가 지금 자리에 다다랐다고 생각합니다.

캐나다에 가면 도망자들이 참 많습니다. 세계 각지에서 몰려온 전쟁, 경제, 정치 난민들입니다. 캐나다는 다행히 그들을 따뜻하게 품어주려고 노력하는 곳입니다. 비겁한 도망자라며 손가락질하지 않고 목숨을 걸고 도망친 용기를 높이 삽니다. 그런데 유일하게 한국인들끼리만 아는 어린 도망자들이 있습니다. 이른바 도피유학생들입니다.

1990년대 후반부터 2000년대 초반까지 대한민국은 IMF 구제금융의 여파에도 불구하고 조기 유학 열풍이 불었습니다. 불안정하고 희망이 보이지 않는 조국을 떠나 좀 더 밝은 미래를 도모하기 위함이었을지 모르겠지만, 무엇이든 과하면 부작용이 따르게 마련이듯 조기 유학의 부정적인 모습이 드러나기 시작했습니다. 급기야 한국 정부는 국부유출을 막아보겠다며 어린 학생들의 유학을 불법으로 규정짓는 사태에 이르게 됩니다.

정부와 여론은 계층 간 경제적 양극화를 해결하기 위한 노력은 게을리한 채 조기 유학 열풍을 잠재우기에 급급했습니다. 한국에서 실패한 아이들이 해외 유학길에 올라 돈만 낭비한다며 조기 유학생들을 도망자라고 손가락질했습니다.

나는 캐나다에서 그런 도피유학생들을 돌보는 일을 한 적이 있어요. 대부분 아이들은 한국에서의 실패를 만회해보려고 최선을 다했지만, 어떤 아이들은 말썽을 달고 살았고 학교생활에도 적응하지 못했습니다. 하지만 나는 단 한 번도 그 아이들의 '도피'가 잘못된 선택이었다고 생각한 적이 없습니다. 대부분 아이는 한국에서 도망쳐야 하는 이유가 있었습니다. 한국 학교에 적응하지 못해 정신적으로 힘든 시기를 겪은 아이도 있었고, 자수성가한 아버지와의 불화 때문에 언젠가는 죽음으로 복수하겠다고 다짐하던 아이도 있었습니다. 극단적인 상황까지 내몰리지는 않았더라도 열등생이나 문제아라는 오명 앞에서 위축되거나 어긋난 아이들이 많았습니다. 우여곡절 끝에 유학길에 올랐지만, 정신적 육체적으로 지칠 대로 지친 아이들은 유학지에서조차 쉽게 회복하지 못했습니다.

나도 조기유학의 문제점을 어느 정도는 인정합니다. 너무 어린 나이에 부모의 보살핌을 받지 못해서 생기는 문제도 있고, 경제적인 면만 봐도 매우 비효율적인 투자라고 볼 수 있습니다. 하지만 그 아이들이 한국에 그냥 있었다면 어쩌면 돈으로도 회복하기 어려운 지경에 이르렀을지 모릅니다. 쉽지 않은 경로를 거쳐 유학길에 오른 아이들에게 '도피유학생'이라고 낙인찍는 말은 이제 없어져야 합니다. 한국에서 낙오자였다고 해서 유학지에서까지 도망자라고 자책하며 살지 않아야 합니다.

아이에게 무조건 참고 견디고 이겨내야 한다고 말하기 전에 아이들이 처한 상황을 이해하고 도피처가 될 만한 다른 길을 찾아줘야 합니다. 꼭 유학길에 올라야만 도망가는 것은 아닙니다. 경쟁이 치열한 교육 특구에서 벗어나 삶이 좀 더 편안해지는 시골 마을로 전학 갈 수도 있고, 대안학교 같은 곳이나 다른 방식으로 미래를 준비할 수 있습니다. 그런 걸 도망이라고 한다면, 도망가도 괜찮습니다.

나는 가끔 작은딸을 도피유학생이라고 부릅니다. 농담이라고 하기에는 제법 가슴 아픈 말입니다. 작은딸은 캐나다에서 유아기를 보낸 탓에 한글을 제대로 깨치지 못한 상태에서 한국의 공립초등학교 2학년생이 되었습니다. 관대한 척하는 엄마가 공부 안 하고 놀아도 된다고 한 말을 철없이 믿었다가 공부 기초를 다지지 못한 채 중학생이 되었습니다. 제 언니만큼 공부머리가 뛰어나지 못한 데다 요령도 부족하고 오기마저 없어서 좋은 성적을 받지 못했어요. 나는 하루하루 패배자처럼 무기력해지는 아이를 더 두고 볼 수 없어서 도망치듯 캐나다로 갔으니 한국적 사고로 보면 전형적인 도피유학생이 맞습니다. 하지만 한국에서의 아픔을 극복하고 자신감을 회복했으니 도망의 목적은 충분히 달성한 것 같습니다. 이제 작은딸은 도피유학생이라는 폭력적인 표현도 웃어넘길 만큼 여유로워졌습니다.

큰딸도 도망에 익숙하기는 마찬가지입니다. 해외 대학교에 진학하겠다는 결심도 사실은 일종의 도피하고 싶은 마음에서 비롯된 것이에요. 큰딸은 한국의 숨 막히는 경쟁 속에서 자존감을 지키며 살 수 있을지 항상 고민했습니다. 권위적이고 가부장적인 문화는 아이를 항상 숨 막히게 했습니다. 대학교에서조차 경직된 주입식 교육을 받아야 한다는 것을 알게 된 후로는 어릴 때 살던 캐나다로 돌아가고 싶어 했어요. 하지만 나는 적어도 고등학교는 한국에서 졸업해야 한다는 조건을 달아 딸의 해외 대학교 진학을 허락했습니다. 큰딸은 고등학교 3년을 다니면서 최선을 다해 도망갈 준비를 했던 것이나 다름없습니다.

공부 경쟁에서 도망치기 위해 눈을 돌려 남들이 거들떠보지 않는 비교과 활동에 매달렸습니다. 운 좋게 하버드에 합격했지만, 생각만큼 편안하고 만족스러웠던 것은 아니에요. 여전히 치열한 경쟁 속에서 적응하는 것조차 버거운 삶은 계속되었습니다.

로스쿨에 합격하고도 곧바로 진학하지 않고 옥스퍼드 대학원으로 간 이유도 끊임없이 목표를 향해 달리느라 지친 몸과 마음을 쉴 곳을 찾아 도망간 것입니다. 로스쿨에 진학해서 다시 치열하게 목표를 향해 달려갈 수 있는 자양분을 옥스퍼드에 머무는 동안 충분히 얻었다고 하니 도망의 목적을 완벽하게 달성한 셈입니다.

큰딸의 발자국을 본 사람들은 큰딸이 도전적이고 진취적인 사람일 것이라 생각합니다. 하지만 알고 보면 지금까지 마음에 들지 않거나 두려운 상황을 피해 줄곧 도망쳤어요. 높은 꿈을 꾸도록 격려하고 용기를 북돋아줘야 하는 것이 부모의 역할이라면, 도망갈 곳을 마련해주고 최소한의 안전지대를 알려주는 것도 부모의 역할입니다. 그래야 아이들이 불안해하지 않고 자신의 능력을 맘껏 발휘할 수 있습니다. 나는 딸들에게 이렇게 말합니다.

> "도망치길 잘했지? 살면서 언제든지 도망갈 준비를 하고 사는 것도 나쁘지 않아. 막다른 곳에 다다른 것 같아서 도저히 도망갈 곳이 없을 것 같을 때도 어딘가에 빠져나갈 구멍은 있게 마련이야. 잘 도망치는 것도 능력이야. 도망은 사실은 또 다른 도전이야."

나는 내 딸들의 인생이 평화롭기를 바랍니다. 하지만 어쩔 수 없이 전쟁터에 나가야 한다면 배수진을 치고 죽기 살기로 싸우기보다는 여차하면 줄행랑칠 수 있도록 퇴로를 준비해두라고 말하고 싶습니다. 기회주의자라거나 비겁하다고 욕해도 할 수 없습니다. 일단 도망쳐서 살아남는 게 먼저니까요.

입시에서
가장 중요한 평가 요소는?

'비판적 사고'란 문제를 만났을 때 지식을 총동원해 추론과 분석을 하고 해결 방법을 찾아내는 종합적 사고 체계를 뜻합니다. 서양의 교육에서 가장 중요한 학습 목표 중 하나는 비판적 사고능력을 길러주는 것입니다. 세상을 이끌어가는 인재는 항상 의심하고 질문하고 새로운 대안을 제시한 사람들입니다. AI가 인간의 지적능력을 추월하고 있는 시대인만큼 비판적 사고를 할 줄 알아야 AI가 대체할 수 없는 인재가 됩니다.

하지만 얼마 전까지 한국에서 공부하는 아이들에게 비판적 사고는 위험한 것이었어요. 가르치는 대로 받아 적고 외워서 그대로 다시 뱉어야 우등생이 되었기 때문입니다. 생각은 오히려 방해가 됐습니다. 심지어 문학 작품을 읽고 느끼는 감상마저 모두 같아야 했습니다.

비판적 사고의 기본은 의심에서 시작합니다. 하지만 한국 사회에서 뒤집어보고, 다른 길로 가고, 다른 생각을 말하는 아이는 무시당하고 쫓겨났습니다. 어른 말을 생각 없이 잘 따르는 아이가 좋은 성적을 받고 좋은 대학교에 가고 좋은 직장에 취업했습니다.

지금도 여전히 한국 사회는 습관처럼 말 잘 듣는 사람을 좋아합니다. 나도 말 잘 듣는 사람이 좋습니다. 그런 사람들이 모이면 평화롭기 때문입니다. 하지만 내가 사회생활을 하면서 겪어본 말 잘 듣는 사람 대부분은 새로운 탐구에 대한 의욕이 없고 도전적이지 않았습니다. 주어진 일에 게으름을 피우지 않지만, 주도적으로 일을 하는 데는 미숙합니다. 그 밑바탕에는 학습된 무능과 무기력이 자리 잡고 있습니다. 그런데 이제 한국도 비판적 사고 능력이 입시에서 가장 중요한 평가 요소가 되었다고 합니다.

나는 아이들이 어릴 때부터 주변에서 일어나는 일이나 현상을 가지고 자주 토론을 했어요. 특히 다른 사람들이 모두 옳다고 믿는 것을 의심하도록 질문을 많이 했습니다. 솔직히 나에게도, 아이들에게도 피곤한 일이었어요. 그냥 수긍하고 받아들이면 평화로우니까요. 하지만 스스로도 의심이 많고 질문이 많은 편이라 아이들과의 대화도 자연스럽게 의심을 부추기는 쪽으로 흘러갔습니다. 이런 일이 반복되니 자연스럽게 아이들도 문제 앞에 놓이면 스스로 해결 방법을 찾아가고, 정해진 답 앞에서 한 번 더 의심하는 습관을 가지게 되었습니다. 나는 우리 아이들의 도전적 기질이 비판적 사고에서 나왔다고 생각합니다.

그런데 비판적 사고에는 두 가지 부작용이 있습니다. 첫째, 늘 뾰쪽하고 예민한 사람이 됩니다. 어떤 현상이나 문제 앞에서도 무난하게 넘어가지 못합니다. 꼭 한 번은 고개를 갸웃거립니다. 둘째, 학문적으로든 삶의 위치든 한자리에 머물기 쉽지 않습니다. 끊임없이 새로운 의심이 솟구치기 때문에 질문을 하고 답을 찾아 헤맵니다. 아이가 무딘 성격으로 자라서 무난하게 살기 원한다면 비판적 사고력은 길러주지 않는 게 좋습니다. 하지만 어느 분야에서든 늘 새로운 질문을 하고 문제를 찾아내고 해결하려고 노력하기를 원한다면 비판적 사고를 할 수 있도록 가르쳐야 합니다.

비판적 사고력을 기를 방법은 세 가지입니다. 첫째, 다양한 경험을 통해 지식을 얻는 것입니다. 책을 읽거나 여행하거나 비교과 활동을 통해 쌓은 경험과 지식은 비판적 사고의 기초가 됩니다. 둘째, 토론입니다. 질문과 답변과 반론을 통해 사고의 오류를 찾아낼 수 있습니다. 더불어 내 주장의 근거를 순발력 있게 요약해서 설명할 수 있는 능력을 기르게 됩니다. 셋째, 글쓰기입니다. 논리정연하게 자기 생각을 쓰는 훈련은 비판적 사고에 있어서 해답을 찾는 마지막 길과도 같습니다. 잘못됐다고 생각하면서도 해답을 찾는 노력을 하지 않는다면 삐딱한 시각을 가지고 어긋나기만 하는 불량청소년과 다를 게 없습니다.

앞으로는 비판적 사고 능력이 좋은 사람이 사회적 성공을 거둘 가능성도 높고 입시에서도 유리할 것이라 합니다. 학교 교육도 시대에 부흥하여 변화를 꾀하는 듯합니다. 하지만 비판적 사고가 단기간에 길러지는 것도 아니고 교육 환경도 쉽게 바뀌지 않을 거예요. 게다가 성적 위주의 입시정책이 지속된다면 정책과 현실은 따로 놀게 될 것입니다. 그렇기 때문에 집에서 부모가 아이의 비판적 사고능력을 기르기 위해 노력해야 합니다.

창의적 사고능력을 기르는 법

'창의력'은 보고 듣고 생각한 것을 기억해뒀다가 적절한 곳에 끌어다 응용하는 능력입니다. 다시 말하면 보고 듣고 읽고 경험하지 않고서는 창의력을 기를 수 없다는 뜻이에요. 두 가지만 충족된다면 어른이 돼서도 창의력의 도움을 받아 원하는 것을 이룰 수 있습니다. 첫 번째는 다양하고 낯선 경험입니다. 남들과 다른 경험을 하면 할수록 그 사회에서 창의력을 발휘할 가능성이 커집니다. 두 번째는 새로운 아이디어가 떠올랐다면 그것을 실현할 방법을 찾아 끝까지 포기하지 않는 것입니다. 아이디어는 실현하지 못하면 공상에 불과합니다.

우리가 캐나다에 도착한 지 6개월, 큰딸이 초등학교 1학년이 되었을 때의 일이에요. 어느 날 담임에게 연락이 왔습니다. 우리 딸이 전교생이 모인 조회시간에 무엇인가 발표를 한다며 그날 학교에 와서 보라는 것이었어요.

아이에게 무엇을 발표하는지 물었더니 수업 시간에 생각나는 대로 이야기를 써서 책을 만들었는데 선생님이 조회시간에 전교생 앞에서 발표하라고 했답니다. 책을 만들었다니, 기특한 마음에 구경삼아 가보았습니다.

제법 카랑카랑한 목소리로 떨지도 않고 자기가 만든 책장을 넘기면서 글을 읽는 딸아이의 눈을 보니 자신감과 자부심이 가득했습니다. 앞니가 다 빠져서 어떤 단어를 읽을 때는 입에서 휘파람 소리가 났던 것 같습니다.

그런데 듣다 보니 내용이 익숙했습니다. 큰딸이 재미있게 읽었던 한국 동화책의 내용 중 일부를 짜깁기해서 자신에게 맞게 각색한 것이었어요. 그날 학교 선생님은 우리 딸이 창의력이 좋다며 칭찬을 아끼지 않았습니다.

큰딸은 어릴 때부터 다양하고 많은 책을 접했습니다. 그 기억을 응용해서 비슷한 것을 만들었을 뿐인데 창의력이 좋은 아이라는 칭찬을 들은 것입니다. 그 칭찬이 좋았던 아이는 지금까지도 창의력을 위해서 새로운 경험을 마다하지 않습니다.

창의력이 경험과 지식을 활용해 새로운 것을 만들어내는 능력이라는 것은 많은 사람이 알지만, 창의력에는 문제를 해결하려는 근성이 중요하다는 것을 간과하는 사람들이 많은 것 같아요.

이번에는 작은딸 이야기입니다. 건축디자인을 전공하고 있는 아이는 자주 머리를 감싸고 고민을 해요. 학교 프로젝트 때문입니다. 언제나 남들과 다른 무엇을 원하지만 아이디어가 떠오르지 않거나 아이디어는 있는데 실력이 부족해서 구현하기 어려워했어요.

대학교 1학년 1학기, 작은 공원을 디자인하고 조형물의 틀까지 완성해야 하는 프로젝트를 할 때의 일입니다. 작은딸은 컴퓨터 프로그램으로 디자인을 그럴듯하게 완성했어요. 그런데 교수가 디자인을 보더니 "디자인은 좋은데 모형으로 구현할 수 있겠느냐"며 알 수 없는 미소를 짓더랍니다. 작은딸은 교수가 속으로 '너는 못 해낼 것 같은데' 하고 말하는 것 같았답니다. 곡선과 굴곡이 많은 게 문제였어요. 아이는 어떻게든 만들어내야 한다는 생각에 고민에 빠졌습니다.

우선 재료를 무엇으로 할지 결정해야 했습니다. 대학교 1학년 학생이 자유자재로 사용할 수 있는 재료는 많지 않습니다. 처음에는 거푸집을 만들어 시멘트를 부어 만들 요량으로 시멘트를 덜컥 사왔습니다. 하지만 거푸집을 만드는 과정에서 난관에 부딪혀 포기하고 말았습니다. 가장 손쉽게 사용하는 종이와 패널도 고려했지만, 디자인 모델을 구현하기에는 적합하지 않다며 또다시 포기했습니다.

그러던 어느 날 동네 도서관에 갔을 때 본 3D 프린터를 떠올렸습니다. 시험 기간에 도서관에 공부하러 간다고 하기에 나도 쉬는 날이라 아이를 따라나선 적이 있었어요. 오랜만에 도서관에 가봤더니 피아노, 재봉틀, 3D 프린터 같은 것을 새롭게 들여놨더군요. 마침 3D 프린터를 누군가 사용하고 있었어요. 아이는 공부는 뒷전이고 1시간 넘게 감탄사를 연발하며 3D 프린터가 작동하는 모습을 지켜봤습니다. 마치 신기한 장난감을 보는 어린아이 같았습니다. 그때 기억이 강렬하게 남아 있었나 봅니다.

아이는 결국 3D 프린터로 건물 모형을 만들겠다고 결정했습니다. 프로젝트 기한이 넉넉지 않았으니 만약 3D 프린터로 완성하지 못한다면 나중에는 시간에 쫓겨 작품의 완성도가 떨어질 것이 뻔했습니다. 하지만 다른 방법이 없었어요.

아이는 3D 프린터 사용법을 유튜브로 배우고 도서관을 수차례 들락거리더니 결국 원하는 모형을 만들었습니다. 3D 프린터를 처음 사용해본 것치고는 결과물이 제법 그럴듯했어요.

작은딸은 본인의 디자인이 품고 있는 기능적, 철학적 의미와 모형 제작 과정을 동료 학생들과 교수 앞에서 설명하기 위해 밤을 새워 프레젠테이션을 준비했어요. 모형 제작만큼이나 어려운 일이었습니다.

학교에서 발표를 마치고 집에 돌아온 아이는 상기된 표정으로 자신의 '업적'을 자랑했습니다. 교수가 아이 작품의 창의성과 독창성에 높은 점수를 주었다고 했습니다.

이미 3D 프린터가 대중화된 지금, 고작 작은 건축 모델 하나를 놓고 창의력 운운하는 게 민망해 보이지만 교수는 다른 아이들이 생각해내지 못한 방법으로 아이디어를 실현한 것에 대해서 칭찬을 아끼지 않은 것입니다. 도서관에서 우연히 눈여겨봤던 3D 프린트를 잊지 않고 위험을 감수하고 시도해본 덕이었죠. 이렇듯 문제를 해결하고자 하는 근성과 노력도 창의력의 한 요소입니다.

창의력이란 세상에 존재하지 않는 어떤 것을 갑자기 생각해내는 초능력이 아니에요. 마치 전구에 불이 켜지는 것처럼 머릿속에 번쩍하고 떠오르는 상상력만으로는 창의적인 사람이 될 수 없습니다. 어떤 경로를 통해서든 이미 알고 있던 것을 응용해서 새로운 것을 만들어낼 때 비로소 창의적인 사람이 됩니다. 창의력은 유연한 사고와 순발력, 독창성에 덧붙여 끈기 있는 노력도 필요합니다.

지금 당장 학교 성적을 따라가야 해서 창의력을 길러줄 기회가 없다면 비판적 사고력과 포기 하지 않는 근성을 길러주는 데 주력하세요. 아이가 무언가에 꽂혔을 때 쓸데없는 짓 하지 말고 공부나 하라며 좌절시키지 않고 아이디어를 완성할 수 있도록 응원해야 창의력이 길러집니다.

관계에 얽매이지 않을 용기

분노는 성취의 원동력이 되기도 합니다. 분노를 일으키는 상대와 싸워 이겨야 한다는 의지를 불러일으키기 때문입니다. 하지만 지나친 분노로 인한 불필요한 감정 소모는 정신과 육체에 나쁜 영향을 미치기도 합니다.

나는 여전히 원치 않는 상황을 맞닥트렸을 때 현명하게 대처하는 법을 완벽하게 터득하지 못했습니다. 불공정하고 부당한 대우를 당했을 때도 상대의 사회적 지위나 위력에 압도되어 표현하지 못한 적이 많아요.

시간이 약이라는 말은 모든 상황에 해당하지는 않습니다. 세월이 지났음에도 상황이나 관계에 변화가 없으면 상처는 회복되지 않습니다. 게다가 당당하게 맞서지 못한 스스로를 원망하기 시작하면 어느새 분노에 갇혀 자신을 갉아먹게 됩니다. 나도 치유하지 못한 오래된 상처가 있습니다. 그런데 나는 요즘 나의 상처가 상대방이 아니라 내 탓이라는 것을 깨달았습니다. 잊을만하면 다시 불러내 곱씹다 보니 상처는 점점 더 커지고 짓물렀더군요. 상황에 대한 기억은 희미한데 감정만 점점 더 선명해져 고통스러웠습니다.

내가 나에게 무슨 짓을 했는지 깨닫고 삶의 자세를 바꿔보기로 했습니다. 오래전에 있었던 나쁜 일을 잊기로 한 거예요. 나쁜 기억이 불쑥 머릿속에 떠오르면 다른 일에 집중하거나 재미있는 책을 읽었습니다. 하지만 곧 집중력이 흩어지고 다시 나쁜 기억이 떠올랐습니다. 그래도 긴장 상태를 유지하고 온전히 한곳에 집중하기 시작하면 나를 괴롭히는 나쁜 생각을 떨칠 수 있었습니다. 그렇게 '나쁜 감정 스위치 끄기' 훈련을 꾸준히 하다 보니 습관이 되어 어지간한 일은 툴툴 털어버릴 수 있게 되었어요. 상대에게 복수하는 가장 좋은 방법은 그가 준 상처 때문에 힘들어하지 않고 아무렇지 않게 툴툴 털고 행복하게 사는 것입니다. 물론 상대를 용서할 수 있다면 더 좋겠지만 아직 그 경지에 이르지는 못했습니다.

그런데 문제는 현재 나를 괴롭히는 사람이 내 눈앞에 있거나 주기적으로 만나야 하는 사람이라는 것이었어요. 나를 부당하게 대하는 사람, 끊임없이 화나게 하는 사람과 어떻게 지내야 하는지 고민했습니다. 내가 내린 결론은 거리 두기였어요.

내가 아주 어릴 때, 초등학교 저학년 때로 기억합니다. 학교에서 친구와 싸운 적이 있어요. 그때도 지금처럼 싸움에 기술이 없었던 나는 대차게 대드는 대신 울음을 터트렸어요. 그 탓에 담임 선생님의 눈에 띄어 긴 훈계를 들었습니다. 선생님은 친구하고 친하게 지내야 한다는 말씀에 덧붙여 상대의 손을 잡고 악수를 하라고 하셨어요. 그 아이와 나는 한참을 망설이다 선생님의 언성이 높아진 후에야 마지못해 서로 손을 맞잡았습니다. 그렇지만 손 한 번 마주 잡았다고 속상한 일이 없었던 일이 되거나 그 아이와 친하게 지내야겠다는 마음이 샘솟지는 않았습니다. 더 최악은 선생님이 그 아이와 나를 옆자리에 앉힌 것이에요. 친하게 지내기 위해서는 옆자리에 앉아야 한다는 게 선생님의 논리였습니다. 하지만 그 아이와 나는 좋은 짝이 될 수 없었고 오히려 관계는 악화되었습니다. 나는 학교에 가기도 싫었습니다. 아마 그 아이도 그랬을 거예요. 지금 생각해보면 선생님은 왜 나와 그 아이가 친하게 지내야 한다고 생각하셨는지 궁금합니다.

물론 나와 맞지 않는 상대와도 조율하며 잘 지내는 방법을 배울 필요는 있어요. 하지만 그렇다고 꼭 친하게 지내야 할 필요는 없습니다. 그런 사람과는 어쩔 수 없이 만나야 할 때를 제외하고는 서로 거리를 두고 사는 게 낫습니다. 그 아이와도 만남을 줄여서 마찰을 빚지 않게 해야 했던 것 아니었을까요?

큰딸이 캐나다에서 한국으로 돌아와 갓 중학교에 입학했을 때 일이에요. 어느 날 밤 10시가 넘었는데 아이가 나갈 준비를 하기에 어디 가는지 물었습니다. 그랬더니 친구가 시험공부를 해야 하는데 문제집이 없다며 딸아이 문제집을 자기 집까지 가져다 달라고 했다고 것이었어요.

나는 이 상황이 이상하지 않은지 딸에게 물었습니다. 그랬더니 학교에서도 비슷한 일이 몇 번 있었고 그때마다 뭔가 기분이 좋지 않았지만 냉정하게 거절하지 못했다고 했습니다. 상대 아이가 나쁜 아이 같지 않았고 그 정도 부탁은 들어줄 수 있기에 굳이 거절하지 않았다고 했습니다. 큰딸은 아직 모든 것이 낯선 환경에 적응하느라 판단력마저 흐려진 것 같았어요.

나는 이 관계가 지속되면 상대 아이는 더 큰 요구를 하게 될 테고 결국 서로 상처를 받게 될 거라고 알려줬습니다. 그러니 그 아이의 요구를 단호하게 거절하고 더 이상 친하게 지내지 말라고 했습니다. 큰딸도 내 말에 수긍했지만 같은 반에서 날마다 만나야 하는 아이와 거리 두기가 쉽지 않을 것 같다며 걱정했습니다. 나는 딸의 담임 선생님에게 상황을 설명하고 도움을 요청했습니다.

선생님은 서로의 특성을 이해하지 못한 학기 초에 간혹 일어날 수 있는 일이지만 상대 아이가 친구 간에 위계를 정해 군림하려는 성향이 있는 것 같아 주시하는 중이라고 말했습니다. 주기적으로 아이들을 상담해서 미리 문제를 예방하겠다고 했습니다. 또한, 당분간은 그 아이와 우리 딸이 거리를 두도록 지도하겠다고 했습니다. 다행히 우리 딸은 더는 그 아이에게 부당한 일을 당하지 않았습니다.

간혹 학교 폭력과 관련된 사연을 보면 학교 폭력을 당하면서도 가해자의 친구로 남고 싶어 괴롭힘을 참아내는 아이도 있다고 해요. 관계의 단절이 폭력보다 두렵기 때문이라고 해요. 가해자와의 관계를 끊어야 새로운 관계를 만들 수 있다는 것을 모르기 때문에 관계에 집착하는 것입니다.

나도 최근에 비슷한 일을 겪었습니다. 관습적으로 부당한 대우를 받아 마음에 상처가 깊었지만 단 한 번도 항변하지 못하다가 갑작스럽게 그 관계를 끊어버렸습니다. 바보처럼 너무 오랫동안 마음에 상처를 키운 탓에 스스로 회복하지 못하고 최악의 선택을 한 것입니다. 한편으로는 좀 더 일찍 부당한 대우에 대해 거부 의사를 밝히거나 목소리 높여 항의했더라면 이 지경까지는 오지 않았을 거라고 후회하기도 했습니다. 하지만 어차피 일방적인 복종과 희생을 강요당하는 관계였기 때문에 부당함을 토로한다고 해도 나아지지 않았을 거예요. 언성만 높이다가 원점으로 돌아갈 게 뻔했습니다.

관계를 잘라내는 데는 큰 용기가 필요합니다. 도미노처럼 하나의 관계가 무너지면 다른 관계도 무너질지 모른다는 두려움 때문입니다. 나도 결단을 내리기까지 너무 오래 망설였습니다. 처음에는 제법 요란하고 어려움도 많았습니다. 주변에서 그렇게밖에 할 수 없느냐며 조율을 통해 관계를 회복하라고 조언했습니다. 하지만 시간이 지나니 주변 사람들도 적응해나가기 시작하더라고요.

물론 여전히 마음 한쪽이 불편하고 주변 사람들 눈치가 보입니다. 하지만 내가 겪은 마음의 상처가 작지 않다는 것을 보여주기 위해서 선택한 방법이기에 후회는 없습니다. 만약 상대가 나의 달라진 태도에 충격을 받고 우리 관계를 돌아보거나 뉘우친다면 적어도 최소한의 의무 관계를 유지할 가능성은 있습니다. 하지만 여전히 모든 문제를 나에게 돌리고 자신의 권위로 복종시키려고 한다면, 그래도 좋습니다. 어차피 그 사람과 관계를 더 유지해봐야 좋아질 게 없다는 게 입증된 셈이니까요.

나는 분노가 얼마나 사람을 갉아먹고 마음을 황폐하게 하는지 경험을 통해 알고 있습니다. 언제나 약자인 아이들은 더 말할 필요 없을 거예요. 마음속에 화를 오래 간직하면 할수록 마음과 몸의 건강을 해칠 수 있고 학업에 열중하기도 어렵습니다.

나는 우리 딸들이 부당한 관계 때문에 고통받지 않기를 바랍니다. 하지만 기질적으로 호방하지 못한 성격 탓에 쉽게 상처받고 자기의 마음을 다스리기까지 고행 같은 긴 시간이 필요할지도 모릅니다. 그래서 나는 아이들에게 모든 관계를 다 잘 유지하기는 불가능하니 싫은 사람과 억지로 좋은 척하기보다 진짜 좋은 사람과 더 잘 지내는 게 낫다고 얘기합니다. 그러니 모든 관계를 다 잘 유지하겠다는 욕심을 버리고 건강하고 바람직한 관계에 집중하라고 말입니다.

여러분도 만약 불편하고 어려운 관계에서 헤어나지 못할 상황이라면 상처로 인한 분노가 나를 집어삼키기 전에 주변 사람 눈치 보지 말고 단칼에 잘라내세요.

언젠가 다시 관계를 회복할 수 있다면 좋겠지만 그렇지 않더라도 나를 죽이는 것보다는 관계를 죽이는 게 낫습니다. 누군가가 이기적이라거나 예의가 없다고 말한다면 이렇게 대답하세요. “그래요. 나는 이기적입니다. 하지만 나도 살아야겠습니다”라고요.

천천히 갈수록 빨리 갑니다

중학교 때, 우연히 독일 작가 미하엘 엔데의 《모모》라는 책을 읽었어요. 나는 판타지 소설을 그다지 좋아하지 않았어요. 하지만 《모모》는 다른 판타지 소설과는 다른 끌림이 있어서 읽고 또 읽으며 이해하려 애썼던 것 같아요.

그로부터 30여 년이 지난 무렵에 고향 집 책장에서 《모모》를 발견했습니다. 기억나지 않는 줄거리를 되짚어보려고 그 책을 다시 펼쳐보았어요. 이야기의 줄거리는 간단합니다. 여유롭고 행복한 어느 마을에 회색 옷을 입은 신사들이 나타나 마을 사람들에게 시간을 낭비하지 말고 저축하라고 꼬드깁니다. 마을 사람들은 나중에 여유롭게 쓸 요량으로 시간을 아껴 쓰지만, 시간을 아낄수록 점점 더 시간에 쫓겨 살게 됩니다. 모모는 시간을 관리하는 호라 박사의 도움으로 회색 신사들을 물리치고 동네 사람들이 도둑맞은 시간을 되찾아줍니다. 어찌 보면 흔한 판타지 소설일 뿐입니다.

하지만 어른이 돼서 다시 읽은 모모 이야기는 그저 재미로만 읽는 동화가 아니었어요. 오로지 성공만을 향해 달려가는 사람들, 시간을 쪼개 살아가는 현대인들의 불행, 타인을 속여 빼앗은 시간을 담배로 만들어 피워야만 생명을 연장할 수 있는 회색 인간의 실체, 도둑맞았던 시간을 돌려받은 사람들이 다시 여유를 찾고 행복해지며 이야기는 끝나지만 어쩌면 판타지 소설이기 때문에 가능한 결말일지도 모르겠다는 생각이 들었습니다.

책장을 넘기다가 어릴 때 줄 그어놓은 구절 몇 개를 다시 읽어보았습니다. 그런데 한 대목 옆에 물음표가 여러 번 반복해서 그려져 있었습니다. 읽어도 읽어도 이해하기 어려운 내용이었던가 봅니다.

> "뒷걸음쳐 봐!" 모모는 그렇게 했다. 몸을 돌려 뒷걸음질을 치니 갑자기 전혀 힘들이지 않고 앞으로 나갈 수 있었다. 그런데 도무지 영문을 알 수 없는 일이 일어났다. 모모가 뒷걸음질을 치는 동안 생각도 뒷걸음쳤고, 숨도 뒷걸음쳤고, 느낌도 뒷걸음쳤다. 한마디로 모모의 삶이 뒷걸음쳤다!

현대인들은 사회가 만들어놓은 시간의 틀 속에서 한 치만 어긋나도 일상이 무너져 내릴 것 같은 두려움을 갖고 삽니다. 시간이 곧 돈이 되는 자본주의 사회에서 앞을 똑바로 보고 힘차게 달려 나가야지 뒤로 돌아서서 거꾸로 달리려는 사람은 많지 않을 거예요. 하지만 모모는 거북이 카시오페이아의 권유대로 주저하지 않고 뒤로 돌아 거꾸로 뛰기 시작합니다. 삶이 뒷걸음질 쳐야 앞으로 나갈 수 있다니 아이러니입니다. 고작 중학생 어린아이가 이해하기는 어려운 인생 철학입니다. 당시의 나는 현실 속에서는 일어날 수 없는 작가적 상상력이라고 치부하고 넘겼던 것 같아요.

그런데 중년이 된 나는 이제야 작가 미카엘 엔데가 무슨 이야기를 하려고 했는지 알 것 같았습니다. 때로는 뒤로 돌아 천천히 걸어가는 게 오히려 더 빠르게 갈 수 있다는 것을 나이가 들어 깨달았으니까요. 나도 살아오는 동안 의도치 않게 뒷걸음치며 앞으로 나간 경험이 있습니다. 그때마다 남들보다 뒤처질까 봐 두려웠습니다. 하지만 시간이 지나고 보니 그렇게 하지 않았다면 오히려 삶이 송두리째 후퇴하게 됐을지도 모르겠다는 생각이 듭니다. 빠르게 뛰어가 무엇인가를 잡으려고 할 때, 앞으로 나가기는커녕 제자리걸음도 버거울 때가 있습니다. 그럴 때 몸을 돌려 뒤를 돌아보면 잠시나마 평온해집니다. 마치 마파람과 싸우며 힘겹게 앞으로 나가는 것보다 등을 돌려 뒷걸음으로 가는 것이 걷기 쉬워지는 것과 같습니다.

당시 막 고등학교에 입학한 큰딸에게 그 책을 권했습니다. 큰딸이 한참 진로에 대한 고민과 경쟁에서 도태될지 모른다는 두려움으로 힘들어하던 무렵이었습니다. 꿈은 너무 멀리 있어서 그곳에 도달할 수 있을지 확신이 서지 않고 하루하루 해야 할 일은 많아 지치고 버거워했습니다. 나는 책 속 등장인물 중에 모모의 친구 청소부 아저씨가 끝도 없이 긴 도로를 청소하는 요령에 관해서 이야기하는 대목에 밑줄을 그어주었습니다.

> "얘, 모모야. 때론 우리 앞에 아주 긴 도로가 있어. 너무 길어. 도저히 해낼 수 없을 것 같아. 이런 생각이 들지." 그러고는 한참 동안 묵묵히 앞만 바라보다가 다시 말했다. "그러면 서두르게 되지. 그리고 점점 더 빨리 서두르는 거야. 허리를 펴고 앞을 보면 조금도 줄어들지 않은 것 같지. 그러면 더욱 긴장되고 불안한 거야. 나중에는 숨이 탁탁 막혀서 더 비질할 수가 없어. 앞에는 여전히 길이 아득하고 말이야. 하지만 그렇게 해서는 안 되는 거야." 그리고 한참 동안 생각하다가 다시 말을 이었다. "한꺼번에 도로 전체를 생각해서는 안 돼. 알겠니? 다음에 딛게 될 걸음, 다음에 쉬게 될 호흡, 다음에 하게 될 비질만 생각해야 하는 거야. 계속해서 바로 다음 일만 생각해야 하는 거야." 그리고 다시 말을 멈추고 한참 동안 생각을 한 다음 이렇게 덧붙였다. "그러면 일을 하는 게

즐겁지. 그게 중요한 거야. 그러면 일을 잘 해낼 수 있어. 그래야 하는 거야." 그러고는 다시 한 번 오랫동안 잠자코 있다가 다시 말했다. "한 걸음 한 걸음 나가다 보면 어느새 그 긴 길을 다 쓸었다는 것을 깨닫게 되지. 어떻게 그렇게 했는지도 모르겠고, 숨이 차지도 않아." 그는 가만히 고개를 끄덕이고는 이렇게 말했다. "그게 중요한 거야."

아이들에게 조급해하지 않고 천천히 한 발 한 발 꾸준히 나가는 인내를 가르쳐야 합니다. 적어도 부모가 호들갑스럽게 재촉하지 않아야 합니다.

H A R V A R D

✦ 3장 ✦

공부 잘하는 아이는 어떻게 만들어지는가

아이의 꿈을 찾아주는 방법

"내 아이는 꿈이 없어요. 무엇을 하고 싶은지 모르겠대요"라고 말하는 부모를 자주 만납니다. 그런 아이들은 대부분 특별히 잘하는 과목도, 특별히 못하는 과목도 없고 적성이 무엇인지 모르는 아이들입니다. 초등학교 때까지만 해도 직업 세계에 대한 원대한 포부를 가지고 있던 아이들이 자랄수록 꿈이 없다고 말하는 예도 있습니다.

물론 반드시 구체적인 꿈이 있어야 하는 것은 아니에요. 하지만 꿈이 없다는 것은 목표가 없다는 것과 비슷합니다. 아침에 일어나 학교에 가서 정해진 시간표대로 수업을 듣고 때가 되면 시험을 보고 같은 일상을 반복하며 살아갈 뿐 왜 그렇게 살아야 하는지 모릅니다. 그런데 만약 장래에 하고 싶은 일이 있다면 삶을 주도적으로 살게 됩니다. 반드시 해야 할 것과 그렇지 않은 것에 구분이 생깁니다. 목표의식은 삶에 활력을 주니까요.

여고 시절, 내 꿈은 현모양처였습니다. 두메에서 자란 나는 구불거리는 산 능선을 타고 달리는 시내버스를 타고 한참을 가야 도착하는 읍내 여자 고등학교에 다녔습니다. 그 시절에도 가정시간에 장래 희망을 발표하는 시간이 있었어요. 우리 반 전체 학생이 50~60여 명 정도였는데 그중 대다수가 꿈이 현모양처라고 쭈뼛거리며 발표했습니다. 없는 꿈을 억지로 만들다보니 궁여지책으로 등장한 '꿈'이었습니다. 지금 생각해보면 내 적성에도 어울리지 않는 데다 성 역할에 스스로를 가두는 해괴한 꿈입니다.

사실 나에게는 글을 쓰고 싶다는 꿈이 있었지만, 아무에게도 이야기할 수 없었습니다. 누군가의 비웃음이나 비난이 두려웠고, 주위에 나의 꿈이 허황된 것이 아니라고 말해줄 본보기가 없었습니다. 어떻게 하면 그 꿈을 이룰 수 있을지도 몰랐기 때문에 시도조차 해볼 수 없었습니다.

나는 지금까지 내 의지보다는 성적에 맞춰서, 상황에 따라서 휩쓸리듯 살아왔습니다. 항상 '내가 무엇을 할 수 있겠어'라고 생각하며 청소년기를 보냈습니다. 스스로 무엇인가를 이뤄본 적 없는 사람에게서 흔히 볼 수 있는 패배의식입니다. 자신감이 없으니 매사에 무기력하고 쉽게 포기했습니다. 실패할 것이 뻔하니 시도조차 하지 않았습니다. 나는 산골 마을에서 촌뜨기처럼 살면서 보고 경험한 것이 없어서 그렇다고 핑계를 대봅니다. 그런데 요즘 대도시에 살면서도 예전의 나처럼 '꿈'이 없는 아이들이 수두룩합니다.

큰딸이 중학교에 다니던 2010년 무렵에도 같은 반 아이 중에 제법 많은 여자아이가 현모양처가 꿈이라고 말했다고 합니다. 심지어 유학생 중에도 어떤 꿈을 꾸어야 하는지, 스스로 무엇을 할 수 있는지 모르는 아이들이 많았습니다. 부모 손에 끌려와 마지못해 유학 생활을 하면서도 장래에 대한 희망보다는 실패에 대한 두려움만 가득하고 스스로에 대한 믿음이 없어서 열심히 해봐야 결과가 좋지 않으리라 미리 짐작하고 포기하는 아이들 말입니다.

캐나다에서 유학생들의 생활 관리를 할 때 무기력하고 꿈이 없는 아이들을 만나면 나는 작지만 가치 있는 목표를 정하라고 얘기했습니다. 기간을 정해놓고 그 시간 동안 다른 것에는 신경 쓰지 말고 한 가지만 성취하도록 독려했습니다. 예를 들어 유학생을 위한 영어 수업을 이수하거나 단 한 과목만 좋은 성적을 받는 것 등 아이가 어렵지 않게 실현할 수 있는 일을 해보라고 말이죠. 작은 성취를 이뤄서 '나도 할 수 있는 게 있구나' 하는 자신감이 생기면 다른 목표를 정하는 겁니다.

그다음으로 다양한 경험을 하게 했습니다. 성공한 사람들의 인터뷰를 보면 어쩌다 그 분야의 일을 시작했는지 묻는 말에 '우연한 기회에 그 일을 접하게 됐는데 적성에 맞고 재미가 있어서 열심히 하게 됐다'고 답하는 경우가 많습니다. '우연한 기회'를 많이 접한 사람일수록 시야가 넓어집니다. 아이들은 비교과 활동을 하고 여행을 다니고 좋은 책을 읽으면서 자신의 적성에 맞는 꿈을 만나게 됩니다.

자신감이 생기고 다양한 경험을 통해 적성을 찾은 아이들은 목표를 이루기 위해 무엇을 해야 할지 고민하기 시작합니다. 이쯤 되면 막연하나마 자신의 미래를 설계하게 됩니다. 다만 명문대학교에 합격하는 것 자체가 '꿈'이 되어서는 안 됩니다. 원하는 학교에 합격하지 못하면 다시 실패자가 되어 무기력의 늪에 빠지게 될 테니까요. 인생을 길게 내다보고 '하고 싶은 일'에 초점을 맞춰야 합니다. 더불어 왜 그 일을 하고 싶은지도 생각해야 합니다. 이유 없는 목표는 허상입니다.

아이 스스로 본보기를 찾도록 도와주는 것도 중요합니다. 큰딸의 경우 초등학교 때부터 다양한 봉사활동을 하고 수많은 책을 읽으면서 간접경험을 많이 했습니다. 그러다 보니 비교적 어린 나이에 구체적인 꿈을 갖게 되었어요. 그러자 스스로 본보기를 찾아 나섰습니다. 미국과 한국, 전 세계의 인권운동 변호사에 관한 책을 찾아 읽고 그들의 궤적을 눈여겨보았습니다. 그들 중 몇 명은 지금도 왕성하게 활동하고 있는 여성 운동가들입니다.

작은딸은 중학교 때까지만 해도 구체적인 꿈이 없었습니다. 하지만 나는 작은딸이 미적 감각이 있고 그림을 그릴 때 집중력이 좋은 것을 보고 어렴풋이 아이의 미래를 예측해왔습니다. 그래서 미술 전시회를 자주 다니고 미술 분야에 흥미를 유발하는 활동을 주로 했습니다. 나는 아이가 고등학생이 되었을 때 꿈을 좀 더 구체화하도록 도왔습니다. 대학교 전공을 선택해야 할 때였기 때문입니다.

나는 어느 날부터 작은딸 옆에서 무심한 척 건축가의 책을 읽고, 건축가의 강연을 듣고, 아이를 데리고 건축가의 전시회에 갔습니다. 작은딸은 자연스럽게 건축가 몇 명을 롤모델 삼아 꿈을 설계했습니다. 부모가 아이에게 장래에 어떤 일을 하라고 강요할 수는 없습니다. 하지만 부모가 가볍게 던지는 한마디를 아이는 놓치지 않습니다. 부모가 관심을 두는 분야에 아이도 덩달아 눈을 돌리게 됩니다. 부모는 아이를 세심하게 관찰하고 적성이나 재능을 찾아 자연스럽게 그 길을 제시해줘야 합니다. 평생을 살면서 자신의 가치관과 적성에 맞는 장래 희망을 정하는 것은 매우 중요하니까요.

물론 인생을 살다 보면 어릴 때 꾸었던 꿈과 전혀 상관없는 일을 하는 사람으로 살아갈 수 있어요. 그렇다고 해서 어릴 때 꾸었던 꿈이 아무 의미가 없는 것은 아닙니다. 한 사람을 성장시키는데 강한 동기를 부여하고, 목표를 가지고 살 수 있는 원동력을 제공한 것만으로도 꿈은 큰 역할을 한 셈입니다.

하지만 어떤 분야에서 세계 최고가 되겠다거나 유명한 사람, 권력가가 되겠다는 것은 결코 좋은 목표가 아닙니다. 영화감독이 꿈인 아이가 봉준호 감독을 롤모델로 삼을 수는 있지만 '유명한 영화감독' 자체가 목표일 수는 없습니다. 일단 영화에 대해 배우고 열심히 해 영화감독이 되어 자기 일을 즐기다 보면 유명해질 수도 있는 것일 뿐 처음부터 성공 자체가 꿈이 될 수는 없습니다.

또한, 과정과 목표를 혼동하지 말아야 합니다. 산을 오르는 데는 여러 과정이 있습니다. 험준한 암벽을 타고 올라갈 수도 있고 둘레길을 따라갈 수도 있습니다. 암벽 등반을 즐기는 사람이라면 정상을 향해 암벽을 타고 오를 테지만, 산 너머 어느 곳에 목적지를 둔 사람이라면 둘레길을 따라 천천히 지치지 않고 가는 게 더 중요합니다.

그런데 우리나라의 입시생 중에는 산을 오르는 것보다 암벽 등반에 관심이 있는 경우를 많이 봅니다. 반드시 원하는 학교에 가겠다고 생각하고 마치 암벽 등반하듯 재수, 삼수를 합니다. 대학교는 단지 목적지를 향해 가는 하나의 과정일 뿐인데 대학교 이름을 목적지로 생각하기 때문입니다. 만약 컴퓨터 프로그래머가 꿈이라면 대학교 이름보다 어떤 것을 집중해서 공부할지가 중요합니다. 그래서 나는 아이들에게 대학교 이름을 거론하며 '꿈'이라고 말하지 않습니다.

명문대학교
투어를 하는 사람들

사람들은 높은 목표를 간절하게 꿈꾸고 열정을 다해 매진했다는 이야기를 좋아합니다. 《꿈꾸는 다락방》이나 《시크릿》 같은 책에서 말하는 공식이 옳다고 생각하는 사람도 많습니다. 그래서 그런지 사람들은 어린아이에게조차 큰 포부를 가지라며 명문대학교 진학을 꿈꾸게 합니다.

어떤 부모들은 아이들을 데리고 명문대학교에 방문합니다. 실제로 하버드 대학교에 가면 캠퍼스에 어린아이를 동반한 아시아인 관광객들이 넘쳐납니다. 하버드 학생들은 본인들이 관광 상품이 됐다는 자조 섞인 농담을 주고받는다고 해요. 우리 딸도 하버드 캠퍼스를 거닐다 보면 지나가던 관광객들이 불쑥 같이 사진을 찍자고 한다거나 어린 자녀에게 "어떻게 하버드 대학교에 오게 됐어요?"라는 질문을 시키는 부모를 자주 만난다고 했습니다. 낯선 이의 사진 속 배경 인물이 되어 소셜미디어에 게시되는 참사를 피하고 싶어 되도록 관광객이 모인 곳을 피해 다녔다고 해요. 많은 부모는 그런 식으로 명문대학교 진학을 '꿈'으로 규정짓습니다. 미국 아이비리그 대학 투어 여행상품이 오랫동안 사랑받는 이유이기도 합니다.

나는 이민 대행업무를 하면서 명문대학교를 졸업하고 그럴듯한 직장에 다니면서도 평생 쫓기듯 사는 것에 진력난다는 사람들을 여러 명 만났습니다. 명문대학교 졸업자가 모든 면에서 유리하거나 더 행복하지 않다는 것도 알게 되었습니다. 그래서 나는 소박하지만 여유 있는 삶을 지향하고 내 딸들도 그렇게 살기를 바랐습니다.

큰딸은 어릴 때만 해도 나와 비슷한 가치관으로 세상을 바라보며 욕심 부리지 않고 살았어요. 좋아하는 책 속의 주인공인 빨강머리 앤 같은 삶을 동경했습니다. 그때만 해도 세상이 얼마나 넓고 화려한 곳인지 모르고 엄마가 보여주는 세상 안에서 느끼고 생각하다 보니 욕망의 크기도 딱 엄마가 원하는 만큼이었던 것 같아요. 그런데 엄마 품을 떠나 경쟁이 치열한 특목고에 입학한 후 세상 보는 눈이 달라졌습니다. 다른 아이들이 명문대학교를 목표로 전력 질주하는데 혼자만 평온할 수는 없었던 것 같아요.

대한민국 대부분 고등학교가 그렇듯 아이가 다니던 학교는 입시 실적에 민감했습니다. 재학생들에게 명문대학교 진학을 독려했어요. 입시에 성공한 선배들을 모델 삼아 아이들에게 도전의식을 심어줬어요. 가정 형편이나 아이의 미래보다 명성 있는 학교에 몇 명이나 합격시킬 것인지를 더 중요하게 생각하는 것처럼 보였습니다. 동네에 있는 일반 고등학교에 진학하지 않고 집에서 먼 기숙사형 특목고에 진학할 정도로 도전적인 아이들이 모여 있는 곳이니 어쩌면 당연합니다. 그런 아이들 틈에 끼어서 분위기에 압도된 딸은 삶의 지향점마저 하찮게 여겨지고 가치관이 흔들리니 매사가 의심스럽고 불안했던 것 같아요.

나는 무엇보다 아이를 안심시켜야 했습니다. 손을 뻗어 닿을 수 없는 꿈은 희망보다 좌절이 될 때가 더 많습니다. 나는 아이들이 너무 멀리 있는 것을 잡으려 하다가 꿈을 포기하는 것보다 작은 목표를 달성하다 보면 꿈을 이루게 된다는 희망을 품게 하고 싶었습니다. 그래서 합격할 가능성이 희박한, 이름만 거창한 대학교보다 자기 미래를 개척하기에 부족함 없는 실속 있는 대학교에 진학하기를 권했습니다. 한국에 있는 대학교 한두 곳과 캐나다에 있는 대학교 몇 곳의 목록을 정하고 "게으름 피우지 않는다면 아무리 운이 나빠도 이 학교는 가겠지? 이 정도면 괜찮네" 하고, 대학교는 꿈을 이루기 위한 관문일 뿐이라며 아이의 불안을 달랬습니다.

나는 우리 딸이 꾸준히 앞으로 나갈 수 있도록 과하지 않은 목표를 정하기를 바랐습니다. 내가 초등학교 때 담임 선생님이 이런 이야기를 해준 적이 있어요.

> "오늘부터 마당에 작은 나무 한 그루를 심어라. 그리고 학교 갈 때 한 번, 학교 끝나고 집에 가서 한 번씩 그 나무를 뛰어넘어라. 나무는 날마다 조금씩 자라겠지. 너희들은 자라는 나무를 뛰어넘다 보면 어느 날 높이뛰기 세계챔피언이 될 거야."

날마다 무엇인가를 꾸준히 하다 보면 큰 성과를 얻는다는 교훈을 주기 위해서 하신 말씀이라는 것을 지금은 압니다. 하지만 그 때는 너무 어려서 은유를 이해하지 못했어요. 우리 집 마당에는 마침 작은 나무가 한 그루 있었어요. 아주 작고 가느다란 나무였어요. 나는 날마다 그 나무를 뛰어넘기 시작했어요. 봄부터 시작된 나무 뛰어넘기는 여름이 지나 가을까지 이어졌습니다. 그런데 나무는 생각보다 빨리 자랐고 나는 더디 자랐습니다.

어느 날 학교에 다녀와 그 나무를 뛰어넘으려고 봤더니 자칫 걸려 넘어질 것 같았어요. 내가 게을렀던 탓에 나무를 뛰어넘지 못하게 된 거라고 자책했습니다. 더 이상 그 나무를 뛰어넘지 못하게 된 것에 낙심한 나는 여린 나뭇가지를 꺾어버렸습니다. 그날 아버지에게 된통 야단을 맞고 난 후 나는 그 나무를 거들떠보지 않았습니다. 요즘 나는 그 나무 덕에 맛있는 단감을 먹습니다. 고향 집 마당에 근사하게 자란 단감나무를 보면서 그때 내가 화가 나서 그 나무를 뽑아버리지 않은 걸 다행으로 생각합니다.

나는 선생님의 말씀을 잘못 이해하는 바람에 엉뚱한 목표를 잡았던 거예요. 물론 목표는 언제든지 수정할 수 있어요. 하지만 좌절한 아이는 나무를 통째로 뽑아버리고 그곳을 떠나 영원히 돌아오지 않을 수 있습니다.

'농구 골대 원리'라는 심리학 이론이 있습니다. 미국 메릴랜드 대학교 심리학 교수 에드윈 로크는 목표가 합리적이고 실현 가능해야 도전해볼 엄두를 낸다고 했어요. 너무 낮거나 하찮은 목표도 무의미하지만, 공을 던져 넣을 수 있는 정도의 높이에 골대가 있어야 공을 던지고 싶어진다고 해요. 그도 그럴 것이 농구 골대가 10층 높이에 있다면 슈퍼맨이 아닌 이상 누가 감히 공을 던질 엄두를 낼까요.

나는 두 아이를 키우면서 항상 너무 높은 기대를 하지 않고 너무 무리하게 재촉하지 않으려고 노력했어요. 딱히 어떤 이론적인 지식이 있어서는 아니었습니다. 그저 '허황된 꿈'은 말 그대로 꿈으로 남을 가능성이 크다는 것을 경험으로 알고 있었기 때문이에요.

큰딸이 하버드를 거쳐 옥스퍼드에서 박사학위를 받고 예일대학교 로스쿨에 진학할 예정인 지금도 나는 큰딸에게 학교 이름보다 더 중요한 가치에 대해서 이야기해줍니다. 딸도 엄마가 하는 말이 무엇인지 잘 알고 있으니 다행입니다. 딸의 주변에 유명한 대학교를 나오지 않았지만 인생의 목표를 향해 전진하는 멋진 젊은이들이 많은 것을 보면 내 생각이 틀린 것은 아닌 듯합니다.

공부 잘하는 아이는 이렇게 만들어집니다

공부는 근성이 중요합니다

한국이 미국식 입시 제도를 도입한 지 벌써 10년이 넘었습니다. 이제 대학교 입시에서 공부만 잘한다고 명문대학교에 갈 수 있는 시대는 지났지만 여전히 공부가 가장 중요한 항목인 것은 사실입니다.

많은 부모가 자녀의 성적 때문에 속 썩고, 아이들은 좌절합니다. 성적을 올리는 획일화된 방법이 있다면 부모나 아이들 모두에게 얼마나 좋을까요? 공부가 재미있으면 가장 좋겠지만 세상에는 공부보다 재미있는 게 너무 많습니다. 게다가 아이마다 기질이 다르고 능력이 다르므로 공부 효율도 다를 수밖에 없습니다. 누군가는 한 시간만 공부하고도 100점을 받아오지만, 10시간을 공부하고도 만족할 만한 성과를 내지 못하는 아이도 있습니다. 그런데 학부모들은 모두 우등생의 공부법에만 관심을 둡니다. 하지만 공부법보다 더 중요한 것은 바로 **근성**입니다. 특히 한국의 교육제도는 아무리 머리가 좋아도, 뛰어난 창의력이 있어도, 궁둥이 붙이고 앉아서 견디는 힘이 없으면 우등생이 되기 쉽지 않습니다.

근성은 국어 사전적으로 설명하자면 태어날 때부터 지닌 근본적인 성질을 뜻합니다. 하지만 기질처럼 바꾸기 어려운 것은 아닙니다. 교육이나 훈련을 통해서 변할 수 있고 환경의 영향을 받기도 합니다. 그렇다면 근성은 어떻게 길러지는 걸까요?

근성을 만드는 중요한 동기는 승부욕과 성취욕입니다. 이겨야 할 대상이 같은 반 친구일 수도 있고 눈에는 보이지 않는 동년배 학생이 될 수도 있습니다. 성취욕은 좀 더 추상적입니다. 입시나 사회적 성공을 이루고 싶은 성취욕도 있지만, 지적 호기심을 충족하고 싶어 열심히 공부하는 사람도 있습니다. 승부욕이나 성취욕이 강한 아이들은 자발적으로 공부를 합니다. 집중도가 높은 것은 물론이고 자신에게 맞는 공부 방법을 터득하고 능률도 오르게 됩니다.

그렇다면 어떻게 하면 아이에게 성취욕과 승부욕을 키워줄 수 있을까요? 방법은 두 가지입니다. 첫째, 공부를 즐길 수 있도록 좋은 기억을 만들어줌으로써 공부에 대한 거부감을 없애는 것입니다. 둘째, 이기는 습관을 만들어주는 것입니다. 부모의 역할은 거기까지입니다. 자신에게 맞는 공부법을 찾아내고 고단함을 극복하는 일은 아이의 몫입니다.

나는 주변에서 학문 탐구에 몰입해서 시간 가는 줄 모르는 사람들을 가끔 만납니다. 우리 큰딸도 그랬습니다.

 공부 중독은 이런 양상을 보입니다

큰딸이 중학생 무렵 나는 가끔 농담처럼 "공부에 미쳤군" 하고 말했었는데, 나중에 돌아보니 그것이 바로 '중독'이었어요. 아이는 좋아하는 텔레비전 프로그램을 보다가도 벌떡 일어나 방으로 들어가 책을 볼 때가 많았습니다. 시험 기간도 아니고 급하게 제출해야 하는 숙제가 있는 것도 아닌데 마치 무언가에 쫓기듯 공부를 했습니다.

텔레비전을 보다가 잠시 지루해지면 그 틈을 비집고 공부하고 싶다는 생각이 든다고 해요. 때로는 영화에 집중하는 것도 힘들어 했어요. 갑자기 읽다 만 책을 읽고 싶어진다거나 못다 푼 문제가 머릿속에 맴돈답니다.

우리 부부는 아이들에게 공부하라고 강요하지 않았습니다. 그런데 큰딸은 마치 누군가 등이라도 떠다민 것처럼 공부했습니다. 뭔가 잘못된 것이 아닌지 걱정스러워 아이에게 "엄마 아빠가 공부 안 하면 혼낼 것 같니?" 하고 물어본 적이 있어요. 그러자 아이는 그렇지 않다며 단지 하고 싶어서 하는 거라고 했습니다. 큰딸의 근성은 어디에서 온 것일까요?

이겨본 자만이 승리의 쾌감을 압니다

나는 가끔 스포츠 스타들을 경이로운 마음으로 바라봅니다. 숱하게 많은 시간을 훈련하다 보면 무척 고통스러웠을 텐데 포기하지 않은 이유는 무엇일까요? 그들에게 동기를 부여하는 것은 무엇일까요? 아무리 옆에서 강압적으로 훈련을 독려한다고 해도 본인이 하기 싫으면 그만한 성과를 낼 수 있을까요? 단지 금메달을 향한 열망 하나만 가지고 그렇게 최선을 다할 수 있을까요?

성취감과 즐거움을 동력 삼아 꾸준히 노력하다 보면 자기도 모르는 사이 '행동 중독'에 이릅니다. 스포츠 스타들도 처음에는 재미로 시작했지만 어떤 계기를 거치면서 오기가 생기고, 연습을 거듭하다 보니 잘하는 방법을 터득하고, 이기는 경험을 통해 쾌감을 경험했을 거예요. 한 번이라도 이겨본 사람은 다시 이기고 싶은 욕심이 생깁니다. 다음에도 이길 수 있다는 자신감도 생깁니다.

공부도 마찬가지입니다. 행동 중독과 비슷한 동기와 과정을 거치고 그것이 습관이 되고 그 단계를 넘어서면 공부도 중독의 단계로 넘어갈 수 있습니다. 큰딸은 자연스럽게 공부 중독자가 되었습니다.

큰딸의 공부머리 단련법

책의 재미에 빠지면 공부도 잘하게 됩니다

공부를 잘하게 되는 또 다른 요소는 '공부머리'입니다. 사람마다 유전적, 환경적 요인에 따라 지능이나 이해력이 다릅니다. 똑같은 부모 밑에서 태어났음에도 큰딸이 작은딸보다 공부머리가 좋은 것은 사실입니다. 무슨 차이가 있는지 돌아보면, 타고난 기질 차이도 있겠지만 어린 시절의 환경 차이도 컸어요.

어느 집이나 그렇듯 첫째 아이는 임신했을 때부터 큰 기대와 관심을 받습니다. 나도 다르지 않았습니다. 임신했을 때부터 걸음

걸이도 신경 썼어요. 입덧이 심해서 바깥 활동을 줄였고 그 대신 좋아하는 책을 읽었습니다. 더군다나 큰아이가 태어나는 시점에 나는 일가친척도, 친구도 없는 낯선 지방에 살고 있었어요. 남편이 지방 공기업에 취직하는 바람에 다니던 직장도 그만두고 이사를 했습니다. 지금처럼 성능 좋은 컴퓨터도 없고 정규 시간 외에는 텔레비전도 나오지 않을 때였습니다. 책을 좋아하기도 했지만 할 일이 없어서 책을 더 많이 보게 되었어요. 마침 집 가까운 곳에 도서관이 있어서 원 없이 책을 읽을 수 있었어요. 의도치 않게 태교를 한 것입니다.

나는 큰아이가 태어난 후에도 손에서 책을 놓지 않았습니다. 아이를 등에 업고 수시로 도서관에 드나들었어요. 아이가 걷기 시작하는 무렵부터는 손을 잡고 걸어서 도서관에 다녔어요. 당연히 아이도 책을 장난감처럼 만지고 보기 시작했습니다.

눈을 맞추고 이야기를 해주면 방글방글 웃는 아이의 얼굴이 너무 예뻐서 집안일은 내팽개치고 하루 종일 같이 놀기도 했어요. 돌 무렵부터 시작해 둘째가 태어나기 전까지 동네 작은 도서관에 있던 유아 책은 거의 다 읽어준 것 같아요.

아이가 잠자리에서 끝도 없이 책을 읽어달라고 하는 통에 잠버릇 들이는 데 고생했어요. 아이와 타협해서 겨우 몇 권 읽어주고 나면 읽었던 책 내용으로 이야기를 꾸며서 들려줘야 겨우 잠이 들었습니다. 서너 살 무렵부터는 한글을 배워서 혼자 책을 읽었습니다. 동생이 태어나면 불안증세를 보이는 첫째가 많다고 하는데 우리 큰딸은 그 과정을 온전히 책과 보냈습니다.

가장 안전하고 편안한 엄마 무릎에 앉아서 책을 읽었던 아이는 성장한 후에도 책을 보면서 마음에 안정을 얻었습니다. 아이에게 책 읽기는 세상에서 가장 행복한 놀이였습니다.

우리 가족은 큰딸이 만 5세가 되던 해에 캐나다로 이주했어요. 그때 한국에서 초등학교 5~6학년들이 읽는 소설책을 사서 가지고 갔습니다. 한국어를 잊지 않게 하려고 나중에 읽힐 생각이었는데 아이는 만 6세 전에 다 읽어버리고 그 책이 너덜너덜해질 때까지 읽고 또 읽어서 나중에는 책 속 등장인물의 대사를 다 외울 정도였습니다. 어쩌면 갑작스럽게 낯선 환경에 놓인 아이가 익숙한 한국어 책에서 위안을 찾은 것인지도 모르겠어요.

큰딸은 병설 유치원을 거쳐 토론토의 작은 초등학교에 들어갔어요. 언어가 달라졌는데도 여전히 책을 좋아했습니다. 학교에 간 첫날 선생님이 학교 내부를 구경시켜줄 때 학교 안에 있는 조그만 도서관을 보고 아이가 지었던 표정을 잊을 수 없습니다. 입꼬리가 귀에 걸리고 눈은 반짝반짝 빛났습니다. 낯선 학교에 대한 두려움이나 걱정보다 도서관에 대해 반가움이 더 커 보였어요.

그날 이후로 아이는 날마다 읽지도 못하는 영어 동화책을 빌려왔어요. 이사를 여러 번 다녔지만, 그때마다 아이는 새로운 도서관을 보고 안도와 반가움을 보였습니다.

캐나다는 학교에서 아이들 수준에 맞는 책을 정기적으로 판매해요. 도서관 책 중에 오래됐거나 낡은 책을 중고로 파는 날도 있어요. 그럴 때마다 큰딸은 책을 한 보따리씩 사왔습니다. 장난감에 욕심낼 나이에 책 사는 걸 더 좋아했어요. 친구들과 밖에서 뛰어놀고 집에 들어오면 제 방에 틀어박혀 책을 읽느라 정신이 없었어요.

동네 사람들은 그런 아이를 보고 밖에서 뛰어놀았으니 피곤할 텐데 또 책을 읽는다면서 "좀 쉬게 해줘요" 하고 말했습니다. 내가 아이에게 책 읽기를 강요했다고 생각한 거예요. 아이가 책을 읽으며 휴식을 취하고 있다는 것을 몰라서 하는 말이었어요.

우리는 좋은 중고 서점을 찾아다녔고, 대형 서점에 가서 종일 신간 서적을 보다 책을 몇 권 사들고 오는 게 낙이었습니다.

학년이 올라갈수록 책을 재미로만 읽지 않고 지식을 배우는 데 활용하기 시작했어요. 또래보다 훨씬 수준 높은 책을 읽더니 사회과학 분야의 대학교 논문도 찾아서 읽었습니다.

큰딸은 초등학교 5학년 때 동네 고등학생이 학교에서 배우느라 가지고 있던 셰익스피어 책을 읽고 숙제를 도와주기까지 했어요. 큰딸은 책을 읽으면서 자기도 모르는 사이에 공부머리를 단련했고 궁둥이 붙이고 앉아 있는 습관 덕에 자연스럽게 긴 시간 앉아서 공부할 수 있는 근력까지 기르게 된 셈이에요.

작은딸도 캐나다에서 유치원을 다닐 때 언니처럼 책을 빨리 접했습니다. 하지만 나의 무관심과 게으름 탓에 작은딸은 책을 놀이로 접할 기회를 갖지 못했어요. 게다가 한국으로 돌아온 후로는 책 읽는 양이 많이 줄었어요. 억지로 책을 권했더니 일종의 의무감으로 읽기는 했지만 책을 좋아하는 것 같지는 않았어요. 그래서인지 큰딸에 비해서 공부를 잘하지 못했어요.

두 아이의 공부머리 능력을 가른 것이 책이 아니라면 무엇이 있을까 아무리 생각해봐도 떠오르는 게 없습니다.

초등 5학년 때까지 구구단을 외우지 못했던 아이

캐나다에서는 책을 많이 읽는 게 학교 성적에도 도움이 됐어요. 캐나다 초등학교 교과과정은 처음부터 끝까지 책 읽기가 좌우하기 때문이에요. 물론 한국식으로 공부를 잘하는 아이들도 있어요. 수학적 재능이 있는 아이도 있고, 과학을 좋아하는 아이도 있어요. 그래도 책을 즐겨 읽지 않으면 중고등학교 때는 물론이고 대학교에서도 고전을 면치 못합니다. 수학자에게도, 컴퓨터 프로그래머에게도 읽기와 쓰기 능력은 중요하기 때문입니다.

캐나다 초등학교는 저학년 교과서가 없어요. 담임 선생님이 정해주는 동화나 소설책이 교과서를 대신합니다. 수학도 마찬가지예요. 선생님이 학교에서 개념만 설명하고 숙제로 내주는 복사용지에 문제를 풀어가면 되요. 과목이 많지도 않아요. 결국, 모든 과목은 읽기와 쓰기, 말하기인 셈입니다. 수학 과목 난이도 역시 한국에 비하면 아주 낮아요.

아이는 읽고 싶은 책을 실컷 읽으면서도 쉽게 우등생이 되었습니다. 캐나다 수학이 쉬운 덕에 학교 점수를 받는 것은 문제가 없었어요. 그런데 초등학교 5학년 때까지 구구단을 외우지 못했습니다. 학교에서 구구단을 개념으로만 가르치는 수준이었기 때문에 교육열이 높은 이민자 가정에서는 부모들이 구구단을 외우게 하고 따로 수준 높은 수학을 가르치기도 했습니다. 그래서 나도 아이에게 구구단 외우는 방법을 알려주고 잘 외웠는지 확인했지만 아이는 끝내 외면했습니다. 선생님이 구구단을 외울 필요 없다고 했다는 핑계를 댔지만, 사실은 그냥 하기 싫었던 거예요. 큰딸은 이해력이 뛰어난 만큼 수학을 잘 가르치는 선생님을 만나면 성적을 올리는 게 어렵지 않았어요. 다만 수학을 싫어하는 게 문제였어요.

나는 우리 딸들이 왜 그렇게 수학을 싫어하는지 이유를 생각해 본 적이 있어요. 물론 내 영향이 아주 큽니다. 내가 수학을 싫어했기 때문에 은연중에 아이들에게 '수학은 억지로 해야 하는 재미없는 것'이라는 생각을 심어준 듯해요. 그런데 단순히 그뿐만은 아닙니다. 그 원인을 따라가 보면 어린 날의 실패 경험 때문이에요.

큰딸이 네 살 무렵 방문 학습지를 하는 옆집 아이를 부러워했어요. 나는 옆집 엄마의 권유를 핑계 삼아 유명한 방문 학습지로 아이에게 '연산'을 가르치기 시작했어요. 아이는 처음 한동안은 재미있게 열심히 따라 했습니다. 그런데 어느 날부터 스트레스를 받는 모습이 자주 눈에 띄었어요. 학습지의 난도가 올라갈수록 아이는 긴장했어요. 나는 걱정스러운 마음이 들었지만 이왕 시작했는데 너무 빨리 중단하는 게 아쉽기도 하고 날마다 정해진 양만큼 풀다 보면 공부하는 습관도 생긴다는 말에 혹해서 아이에게 학습지를 풀도록 강요했어요. 어쩌면 옆집 아이가 나이에 비해 높은 수준의 수학 문제를 푸는 것을 보고 나도 욕심이 생겼는지 모르겠습니다.

그렇지만 시간이 지나면서 아이보다 내가 먼저 귀찮아졌어요. 책은 읽지 말라고 해도 찾아서 읽는데 수학 문제는 내가 시키지 않으면 스스로 하려고 하지 않았어요. 그래서 어느 날 갑자기 중단했습니다. 네 살짜리가 초등학교 2학년 과정까지 했음에도 마치 '실패'한 것처럼 마무리해버렸습니다. 그렇게 재미없는 방식으로 수학을 가르친 게 얼마나 잘못한 일인지 나중에 깨달았어요. 너무 오랫동안 미련한 짓을 한 거예요. 성취감을 느껴본 적도 없이 어느 날 갑자기 엄마가 포기시켰으니 아이는 수학에 대해 좋은 경험을 가질 기회가 없었던 것입니다.

자기주도적 사교육 활용법

큰딸은 초등학교 6학년 10월에 한국으로 돌아와 그다음 해 중학교에 입학했어요. 그때부터 고난의 시기가 시작됐습니다. 초등학교 6년의 공백을 어떻게 메워야 하는지 몰랐습니다. 한국어도 어눌한데 모든 과목을 새롭게 시작해야 했으니 이루 말할 수 없이 막연했어요.

나는 아이에게 공부 때문에 스트레스를 주지 않겠다고 결심했던 터라 중학교 1학년 첫 시험에서 수학 점수 20점을 받아왔을 때도 웃으면서 잘했다고 했어요. 그런데 아이가 미련하고 억척스럽게 공부하기 시작했어요. 누가 시킨 것도 아닌데 서점에 깔린 학교별 기출문제집을 종류별로 사다가 풀었습니다. 매주 재활용 쓰레기통에 버려지는 문제집을 보면 아이가 얼마나 많은 양의 공부를 하는지 알 수 있었어요.

그러더니 어느 날 수학 학원에 보내 달라고 했어요. 다른 과목은 읽고 이해하고 외우면 되는데 수학은 학교 선생님의 설명을 이해하기 어렵다고 했어요. 기초부터 쉽게 설명해줄 선생님이 필요하다고 했습니다. 그래서 수학만 가르치는 작은 공부방에 보냈어요. 모르긴 해도 공부방에서 초등학교 4~5학년 수준부터 배웠던 것 같아요.

그렇게 악착같이 공부하더니 1학년 2학기를 기점으로 어느 정도 좋은 점수를 받기 시작했고 2학년에 올라가서는 성적이 수직 상승 했습니다. 20점에서 시작한 수학 성적이 100점을 찍었을 때는 사실 좀 놀랐습니다. 공부깨나 한다는 아이들은 값비싼 학원에 다니며 선행이나 심화를 했지만, 우리 큰딸은 동네 작은 공부방에서 예습 복습만 열심히 했을 뿐인데 누구보다 좋은 성과를 냈으니까요.

당시 유명 수학 학원에서는 학교마다 기출문제집을 만들어 수강생들에게 나누어주었어요. 그때 큰딸은 유명학원에 다니는 친구에게 기출문제를 얻어다 풀었어요. 기출 문제집에 있던 문제가 그대로 학교 시험 문제로 나왔다는 이야기를 하며 흥분을 감추지 못한 적도 있습니다. 아이들이 유명 학원에 다니는 이유가 기출문제를 받기 위해서라는 농담이 돌기도 한다더군요. 그렇지만 자신에게 맞지 않는다며 끝내 유명 수학학원에 다니고 싶어 하지는 않았어요.

고등학교 때도 누구나 다 가는 SAT 학원에 가고 싶어 하지 않았아요. 모두 다 학원에 다니기 때문에 불안한 마음이 없었던 것은 아니에요. 하지만 큰딸은 학원에 다닌다고 해서 점수가 많이 오르지는 않을 것 같다며 혼자 해보겠다고 했습니다. 큰딸이 학원에 의존하지 않고 혼자 공부하는 습관이 들이게 된 것은 학원비를 아까워한 내 덕도 있었습니다.

캐나다에서 가난한 젊은 이민자였던 우리 부부는 꼭 필요한 것이 아니면 돈을 쓰지 않았어요. 사교육도 마찬가지예요. 방학 때마다 비싼 캠프를 보내는 집도 많았고, 아이가 어릴 때부터 거창한 목표를 세우고 사교육을 시키는 집도 있었어요. 하지만 우리는 도서관에 가서 책을 읽고 정부에서 지원하는 저렴한 예체능 수업에 아이들을 보냈어요. 아이들도 우리의 경제 형편이 좋지 않다는 것을 알았던지 뭐든 꼭 필요한 것이 아니면 지출을 줄이려고 노력했어요.

하지만 우리 딸들은 자신의 능력과 한계는 명확하게 알았습니다. 학원에 오래 앉아 있는다고 공부를 잘하게 되지 않는다는 것도 일찍 깨달았습니다. 물론 때로는 반드시 학원의 도움이 필요할 때도 있었어요. 작은딸이 고등학교 2학년 때 수학 학원에 한 달만 보내 달라고 했어요. 이유를 물어보니 아무리 해도 이해가 되지 않는 부분이 있는데 학원에 가서 배우고 싶다고 했습니다. 하지만 한 달 동안 아이가 원하는 부분만 가르쳐줄 학원은 없었어요. 여러 학원에 연락해서 상황을 설명한 후에 겨우 한 곳으로부터 수강 허락을 받았어요. 그리고 작은딸은 부족한 부분을 채워 좋은 수학 성적을 받을 수 있었어요. 우리 딸들은 어릴 때부터 자기주도 학습에 익숙했던 셈입니다.

자기주도 학습의 기본은 자신의 능력과 상태를 정확히 아는 것입니다. 학원에 가면 학생의 수준을 확인하기 위해서 시험을 봅니다. 보통은 시험 점수로 실력을 평가합니다. 하지만 그 점수를 받기 위해 얼마나 시간을 들였는지는 고려하지 않습니다. 이런 부분까지 자세하게 아는 사람은 자기 자신밖에 없습니다.

그런데 자기주도 학습을 하지 않는 아이들은 자신의 문제점이 무엇인지 스스로 파악하지 못합니다. 학원이나 부모가 짜준 계획대로 따라가느라 공부를 왜 해야 하는지, 어떤 부분에 중점을 두어야 하는지, 자신에게 맞는 공부법은 무엇인지 생각할 필요성을 느끼지 못하니까요. 아이들 스스로 자신의 능력을 확인하게 하려면 일단, 불안한 마음에 아이를 학원에 밀어 넣지 말고 아이 스스로 공부하는 습관을 들이도록 기다려줘야 합니다.

무기력했던 작은딸을 일으켜 세우다

작은딸은 캐나다에서 초등학교 1학년을 마치고 한국으로 온 터라 한국어에 서툴렀고 한국 아이들만큼 수학을 잘하지 못했어요. 나는 일을 하느라 아이를 돌볼 시간이 없었습니다. 안쓰럽고 미안한 마음에 공부를 억지로 시키지 않았어요. 그랬더니 초등학교 다니는 내내 친구들과 어울려 다니며 놀기만 했어요. 방과 후에는 마지못해 공부방에서 시간을 보냈지만, 성적은 오르지 않았습니다.

나는 쿨한 엄마인 척하느라 “공부 못해도 괜찮아”를 연발했습니다. 하지만 마음속 불안감을 감추기는 쉽지 않았어요. 그래서 어떻게든 두 가지는 유지하려고 애를 썼습니다. 바로 한글책 읽기와 영어책 읽기입니다.

캐나다에서 초등학교 1학년을 다닐 때 또래 아이들보다 수준이 높은 책을 읽었던 아이였던 터라 책 읽기를 통해서 영어만큼은 놓치지 않게 할 수 있다고 생각했어요. 그런데 아이는 책 읽는 것도 즐기지 않았어요. 하기 싫은 일을 억지로 하려니 능률도 오르지 않았어요. 나도 서서히 포기하게 됐습니다. 대신 재능을 살려 진로를 미술 쪽으로 잡았습니다. 학원의 도움을 받지 않으면 그마저도 신통한 결과를 낼 수 없을 것 같아 억지로 학원에 보냈어요. 하지만 아이는 그마저 흥미 없어 했습니다. 몇 개월을 겨우 왔다 갔다 하다가 그만둔 학원이 두세 곳쯤 될 때 그림 그리기도 중단했습니다.

중학생이 되니 밤 열두 시를 넘기면서까지 공부했지만, 성적은 오르지 않았습니다. 항상 피곤에 지쳐 잠들었다가 아침에 겨우 일어나 학교에 가는 일이 반복됐었어요. 어린 나이에 삶이 얼마나 고단했던지 날마다 조금씩 시들어가는 꽃잎처럼 보였어요.

어릴 때부터 차근차근 공부하는 법을 배웠다면 어느 정도 공부를 따라갔을지도 모릅니다. 하지만 초등학교 시절을 아무 경각심 없이 편하게 보내고 나니 중학교에 들어간 후에는 넘어야 할 벽이 너무 높게 느껴졌어요.

심각한 문제는 작은딸이 어느 것에도 열정이 없다는 것이었어요. 세상의 종말을 걱정할지언정 자신의 인생이 어디로 향하는지는 관심 없어 보였어요. 모든 집중력을 스마트폰 게임에 쏟아 부었습니다. 온라인 게임에서만 항상 승자였습니다.

어느 순간부터는 '건강하게만 자라다오' 하며 마음 편하게 포기하기에 이르렀습니다. 그때만 해도 공부에 재능이 없다고만 생각했지 뭐가 문제인지 몰랐어요. 나중에 알고 보니 아이는 어딜 가던 이길 수 없는 상대들에 둘러싸여 패배자로 살고 있었던 것이었어요. 싸워볼 마음조차 들지 않을 만큼 두려운 존재들 속에서 숨죽이고 버티고 있었던 것이었습니다.

 절대 패배에 익숙해지게 하지 마세요

큰딸이 하버드에 합격하고 미국으로 가면서 나는 작은딸을 데리고 캐나다로 갔습니다. 어차피 공부를 못하는 아이라고 여겼기 때문에 영어라도 잘하게 되면 밥벌이는 하겠거니 생각했어요. 그런데 나는 그곳에서 아이가 한국에 있을 때 왜 세상만사 모든 것을 귀찮아하고 열정이 없었는지 알게 됐습니다.

작은딸은 한국에서 중학교 2학년을 다니다 캐나다로 갔으니 유학을 하기에 이른 나이는 아니었습니다. 내가 유학 업무를 할 때의 경험으로 보자면, 중학교 2학년에 유학을 오는 아이 중 대부분은 학교생활에 적응하기 힘들어했어요. 새로운 언어를 배우는 것이 가장 큰 문제예요. 그렇지만 한국 아이들 대부분이 수학 성적은 좋았습니다. 한국의 수학 진도가 앞서기도 하고 난이도마저 높아 한국에서 공부를 못하던 아이도 수학 과목에서만큼은 캐나다에서 두각을 나타냅니다.

우리 작은딸도 그랬어요. 한국에서는 그렇게 열심히 해도 다른 아이들을 따라갈 수 없었는데 캐나다 공립 고등학교 중에 상위권에 속하는 학교에서 그만 수학 잘하는 아이가 돼버렸습니다. 수학 점수가 상위권에 오르자 다른 과목도 욕심을 냈습니다. 안쓰러울 정도로 열심히 공부하더니 성적이 좋은 아이들의 이름을 복도에 게시하는 캐나다 고등학교의 이상한 전통에 따라 작은딸의 이름도 학교 복도에 걸리기에 이르렀어요.

한국에서는 책상에 앉아 긴 시간을 보내면서도 열정이라고는 찾아볼 수 없었는데 캐나다에서는 공부가 재미있다고 했어요. 한국에서는 읽기 싫어하던 책도 캐나다에서는 재미있다며 읽기 시작했습니다. 읽고 싶은 책을 찾아 도서관이나 서점에 들락거리는 모습이 낯설게 보였습니다. 아이가 달라진 거예요.

9학년을 마칠 때는 학교 미술 선생님의 권유로 미술 특기생 전공에 지원했어요. 일종의 예술 영재 프로그램입니다. 한국의 경우 예고를 졸업하면 대학교 진학도 비슷한 전공을 선택하는 데 반해 캐나다는 예체능을 전공하고도 공대나 인문계 대학으로 진학하는 경우가 대부분이에요. 그래서 예고에 가는 것은 대학교 입시만 놓고 보자면 자칫 시간 낭비가 될 수 있어요.

나는 딸이 예고에 가면 학교 공부를 등안시할까 봐 지원을 만류했습니다. 하지만 딸은 생전 처음으로 하고 싶은 것이 생긴 아이처럼 의지를 불태웠어요. 한국에서는 무엇이든 "못 해", "하기 싫어", "안 해"만 부르짖던 아이였는데 도전을 두려워하지 않는 모습이 낯설면서도 대견했습니다. 나는 그 무렵 아이의 눈빛이 달라지는 것을 봤습니다. 그토록 무기력하던 아이가 자신감을 얻자 표정부터 달라지더군요.

작은딸은 혼자 힘으로 미술 영재학교에 합격했습니다. 고작 6개월 만에 아이는 완전히 다른 사람이 되었습니다. 모든 것에 자신감이 붙고 자신의 능력을 믿게 되었습니다.

예술고등학교에 다니면서도 성적은 항상 상위권을 유지했어요. 한국에서는 선생님을 두려워하고 만나기를 꺼리던 아이였는데 캐나다에서 자신감을 회복한 후에는 더 많은 것을 배우고자 선생님들과 자주 대화를 했습니다.

아이가 그린 그림이 주 의사당에 전시되기도 했고, 이곳저곳에서 칭찬받는 일이 잦아졌습니다. 나는 그제야 작은딸의 그림 솜씨와 예술적 감각이 생각보다 뛰어나다는 것을 알았습니다.

학교생활이나 친구 사귀는 일에도 능동적이고 적극적이 되었습니다. 생활 습관도 좋아졌습니다. 작은딸은 고등학교를 좋은 성적으로 졸업하고 지금은 토론토 대학교에 입학해 좋은 성적을 유지하고 있습니다.

 이기는 경험을 한 아이는 또 이기려고 노력합니다

자랑처럼 작은딸 이야기를 했지만, 나는 아이에게 항상 미안한 마음뿐입니다. 어릴 때 캐나다에서 갑자기 한국으로 돌아와 끊임없이 패배하는 상황에서 낙담했을 아이에게 나는 그저 공부 못하는 아이, 무기력한 아이라는 낙인만 새겼을 뿐입니다. 게다가 공부에 있어서만큼은 승자 쪽에 속해 있었던 언니의 그늘 아래서 기죽어 살았을 텐데, 나는 작은딸의 속마음을 모른 척했습니다.

작은딸이 큰딸보다 학습 능력이 다소 낮은 것은 사실이지만 큰딸에게는 없는 다른 재능을 가진 아이입니다. 나는 아이의 재능을 짐작하면서도 대단한 것으로 인정하려 들지 않았습니다. 아마 아이도 자기 상황을 객관적으로 볼 수 없었을 거예요. 그냥 뭉뚱그려서 '나는 못하는 애'라고 생각하고 패배에 익숙해졌을 거예요. 그렇게 모든 것에 자신감이 없을 때는 자신의 재능을 발견하기도 어렵고, 그마저도 하찮게 느껴집니다.

그런데 경쟁의 벽이 낮은 곳에서 의외의 성취를 이루게 되자 자신감이 붙고 자신의 장점이 무엇인지, 단점이 무엇인지 분별할 줄 아는 여유도 생긴 거예요. 나는 작은딸을 보면서 동기 부여가 사람을 어떻게 바꾸는지 알게 됐습니다. 이기는 경험을 한 사람은 또 이기려고 노력합니다. 할 수 있다는 자신감은 **에너지**가 됩니다.

신경 심리학자 이안 로버트슨이 쓴 《승자의 뇌(WINNER EFFECT)》(2013년, 알에이치코리아)라는 책을 한 줄로 요약하면 '작은 승리는 큰 승리를 불러온다'입니다. 성공과 승리의 경험은 사람의 뇌를 바꾸고 삶의 태도와 인생관까지 바꾼다고 해요. 이안 로버트슨의 이론에 따르면 성공하는 사람은 남성호르몬의 한 종류인 테스토스테론(Testosterone)이 더 많이 분배되어 지배적인 행동이 강화되고 공격성이 강해진다고 합니다.

푸른 개복치 실험은 제법 흥미롭습니다. 개복치를 세 집단으로 나누어 한 무리는 단독으로 살게 하고, 다른 한 무리는 자신보다 큰 물고기와 살게 하고, 또 다른 무리는 자신보다 작은 물고기와 살게 했습니다. 그 결과 덩치 큰 물고기와 함께 지내던 집단은 스트레스를 받아서 공격성이 낮아졌고, 덩치가 작은 물고기와 지냈던 집단은 높은 공격성과 지배적인 태도를 보였다고 해요.

핵주먹 마이클 타이슨의 일화도 시사하는 바가 큽니다. 1995년 감옥에서 3년을 보낸 후 출소한 마이클 타이슨의 첫 경기 상대는 무명이 피터 맥닐리였습니다. 당연히 경기는 89초 만에 싱겁게 끝났습니다. 4개월 후, 두 번째 시합에서는 가슴과 배가 출렁거릴 정도로 살찐 버스터 마티스 주니어를 상대했습니다. 타이슨은 역시 어렵지 않게 KO승을 합니다. 3개월 후인 1996년 3월 16일, 타이슨은 드디어 강력한 상대를 만납니다. WBC 헤비급 챔피언인 영국의 프랭크 브루노에게 도전한 것입니다. 이 경기에서도 타이슨은 브루노를 KO로 때려눕히고 다시 한 번 세계챔피언의 자리에 올랐습니다.

그런데 이 모든 것은 영리한 프로모터 돈 킹의 치밀한 작전이었습니다. 돈 킹은 훗날 타이슨의 복귀전에서 약한 상대와 맞붙도록 주선했다고 고백합니다. 돈 킹은 3년간이나 감옥에 있다가 나온 타이슨에게 반복해서 작은 승리를 맛보게 함으로써 자신감과 승부욕을 끌어냈던 것입니다.

나는 작은딸을 보면서 작은 승리의 경험이 또 다른 승리를 불러온다는 것을 알게 되었습니다. 그렇다고 누구나 유학길에 올라야 하는 것은 아닙니다. 옴짝달싹할 수 없는 경쟁의 틈바구니에서 조금만 벗어나 작은 승리를 맛볼 기회를 얻게 된다면 아이 스스로 자신감을 회복하고 또 다른 승리를 향해 의욕을 불태울지 모릅니다.

H A R V A R D

✦ 4장 ✦

세계의 명문대는 어떤 인재를 원하는가

질문하는
아이로 키우세요

한때 한국 사회에 큰 반향을 불러일으킨 영상이 한 편 있어요. 오바마 미국 대통령이 기자들이 모인 자리에서 콕 집어 한국인 기자들에게 질문을 받겠다고 했는데 아무도 질문하지 않자 한 중국인 기자가 나서서 질문하는 영상입니다.

나는 그때 그 자리에 있던 한국 기자들의 마음을 어느 정도 알 것 같습니다. 주목받는 게 두려웠을 테고 자칫 웃음거리가 되지 않으려면 어떤 질문을 해야 할지 고민스러웠을 거예요.

한국 사회에서 질문이 많은 사람은 타인의 눈총을 받습니다. 그래서 남의 눈치를 보느라 궁금한 것이 있어도 선뜻 질문하지 못할 때가 많습니다. 자칫 맥락 없는 질문을 한다는 핀잔을 들을까 두렵기도 하고 남들은 다 아는 내용을 혼자만 모르고 있거나 주제나 분위기에 어긋나는 질문을 하게 될까 봐 입이 떨어지지 않는 것이죠.

한국 사회에서 질문은 일종의 반항입니다. 질문은 기존의 상태를 있는 그대로 받아들이지 않는 데서 출발합니다. 서열화가 고착화된 한국 사회에서 질문은 윗사람만 할 수 있습니다. 선생님이 질문하면 학생은 답변하고, 집안 어르신이 질문하면 자손들은 답변합니다. 그러니 아무리 기자라고 하더라도 감히 세계 최강 국가의 대통령에게 질문할 엄두가 나지 않았을지 모르겠습니다.

그런데 어쩌면 그 자리에 있던 한국인 기자들은 정말 궁금한 것이 없었던 게 아니었을까요? 눈에 보이는 것을 의심하거나 비판해본 적 없이 이미 알고 있는 것, 눈에 보이는 것, 귀로 들리는 것만으로 기사를 쓰는 게 익숙했던 기자라면 그 자리에서 무엇을 궁금해해야 하는지 몰랐을 수도 있습니다. 마치 시험 성적을 잘 받기 위해 공부하는 고등학생처럼 받아쓰기해서 '정답'만 기사로 내보내는 게 익숙했을지도 모르겠습니다.

그러나 기자들이 간과한 것이 있어요. 강연은 일종의 커뮤니케이션입니다. 따라서 그 자리에 모인 기자들은 대화에 초청된 것입니다. 서구에서 강연자는 신랄한 질문에 적절한 답변을 하지 못하면 실력을 의심받습니다. 예수, 공자, 소크라테스 같은 성인들은 제자들의 바보 같은 질문에도 현명하게 답변했습니다. 좋은 지도자는 질문을 두려워하지 않습니다. 오바마도 모든 강연에서 질문을 받고 명쾌한 답변을 하기로 유명합니다. 그날 한국 기자를 콕 집어 질문을 요구한 것이 무슨 의도였던 간에 한국인 기자는 질문을 준비했어야 합니다. 일방적인 강연이 아닌, 대화에 초대되었다고 생각했었다면 말이죠. 큰딸에게는 어릴 때부터 몸에 밴 습관이 하나 있습니다.

> 모를 때는 물어라.
> 질문을 두려워하지 말고 손을 들어라.

큰딸은 궁금한 것은 물어야 직성이 풀리고, 누군가 자신에게 질문하면 상대가 만족할 때까지 답변해줘야 다리 펴고 잠자리에 듭니다. 캐나다에서 초등학교에 다닐 때 질문을 많이 하라고 배웠다고 합니다. 그래서 그랬는지 한국에 와서 중고등학교에 다닐 때도 선생님들을 제법 귀찮게 했던 것 같아요. 나는 늘 너무 질문이 많은 아이가 걱정스러워 질문을 줄이라고 말했습니다.

그런데 미국에서 대학 생활을 할 때 한 교양과목 교수로부터 "수업 시간에 좀 더 적극적으로 참여하기 위해서 질문을 많이 하라"는 말을 들었다고 해요. 내 눈에는 과하다 싶게 적극적으로 질문하고 찾아가서 도움을 요청하는 우리 딸이 미국인 교수 눈에는 수동적 학생으로 보였던 거예요.

딸의 말에 의하면 다른 아이들이 워낙 질문을 많이 해서 상대적으로 질문을 적게 하는 것처럼 보였을 뿐 자신도 제법 질문을 많이 했다고 해요. 교수는 질문하지 않는다는 것은 예습하지 않아서 무엇을 질문해야 할지 모르거나 교수보다 더 많은 것을 알고 있으므로 학교에 다닐 필요가 없는 학생이라고까지 말하며 질문할 것을 독려했다고 해요.

내가 자라던 70~80년대의 대한민국은 질문하면 안 되는 사회였습니다. 지시하면 따르고 가르치면 의심 없이 외우는 게 '정상'이었어요. 건방지거나 태도가 불량한 사람만 질문했습니다. 내가 여고생 시절 하얀 하복을 입고 교실에서 수업을 듣던 무더운 여름날, 어떤 아이가 수학 선생님께 "왜 하필 미지수를 'x'로 쓰느냐"고 물었어요. 그런데 질문을 받은 선생님은 아이를 교탁 앞으로 불러내더니 교실 뒷문까지 따귀를 때리며 한 발자국씩 밀고 나갔습니다. 이상한 질문으로 수업을 방해했다는 이유였어요.

그 수학 선생은 늘 학생들에게 등을 보이고 혼자 칠판에 문제만 풀다 수업을 마치는 분이었어요. 질문한 아이는 무료한 수업시간에 분위기를 바꿔보려고 했을 뿐, 다른 의도는 없었을 텐데 선생님의 심기를 몹시 상하게 했던 것 같습니다. 질문 하나 했다고 당하기엔 과하게 수치스럽고 처참한 상황이었어요.

수업을 마치는 종이 울리고 선생은 출석부를 챙겨 교실을 나갔지만, 교실에 있던 누구도 선뜻 그 아이를 위로하지 못했습니다. 모두 다 같이 마치 못 볼 것을 본 양, 아무 일 없었다는 듯 행동했어요. 그 아이도 얼굴이 벌겋게 상기되었을 뿐 이상하게 눈물 한 방울 흘리지 않았습니다. 우리는 너무도 당황스러운 상황을 맞닥트리고 어찌해야 할지 몰랐던 것 같아요.

그날 이후로 우리 반 학생 중 누구도 그 선생과 눈을 마주치지 못했습니다. 교실 분위기는 언제나 쥐 죽은 듯 조용했습니다. 선생은 귀찮은 일 없이 일 년 내내 칠판에 혼자 문제만 풀다가 수업을 마쳤습니다. 우리 반 아이 대부분은 수학을 잘하지 못했고 잘하고 싶어 하지도 않았습니다. 공부하다 보면 당연히 궁금한 것이 생기게 마련이고 두려움 없이 질문할 수 있어야 하는데 우리는 궁금해할 자유가 없었습니다.

그로부터 40여 년이 지난 지금, 한국도 점점 대화를 중요하게 여기는 사회가 되어가고 있습니다. 하지만 아직도 한국의 공교육은 아이들에게 질문하는 방법을 제대로 가르치지 못하고 있습니다. 부모가 아이들에게 질문하는 법을 가르쳐야 하는 이유입니다.

아이에게 질문하는 8가지 방법

인생에서 질문은 매우 중요합니다. 항상 질문하고 답을 찾아가는 게 인생이기 때문입니다. 스스로 질문하고 답변을 찾으려면 '생각'을 해야 합니다. 그런데 한국 사회에서는 여전히 생각이 많으면 공부에 방해가 된다고 말하는 사람이 많습니다. 그럼에도 내가 아이들에게 대화하는 법, 질문하는 법을 가르쳐야 한다고 생각한 데는 사회에서 만난 '공부 잘했던 바보'들 덕분입니다.

이민, 유학 업무를 오래 하다 보니 사회적 위치를 공고히 하고 자기 역할을 충실히 하며 살아온 중년의 성공한 사람들을 많이 만났습니다. 그런데 기업이나 기관에서 높은 직책에 있는 사람일수록 세상 물정에 어둡고 대화를 할 줄 몰랐어요. 집에서는 배우자가, 회사에서는 부하직원이 여러 가지 시중을 들어주는 사람이 퇴직 후 이민을 하겠다고 하면 나는 그들을 만류하고 싶어졌습니다. 자산을 잃고 오도 가도 못 하게 될 가능성이 크기 때문이에요. 그런 사람들은 대부분 자신감이 충만해서 잘못된 확신을 가진 사람들입니다. 그들 중 어떤 사람은 내가 필요에 의해서 하는 질문에도 답변하기를 꺼려 했습니다. 무엇을 물어야 할지 모르는 사람도 있고, 엉뚱한 질문을 하고도 바른 답변을 듣고 싶어 했습니다.

그런 사람들은 대화에도 서툴렀습니다. 상명하복의 관계에서 지시하고 보고 받는 데 익숙해서 그렇습니다. 그래서 주변에 도와주는 사람이 없으면 판단조차 잘하지 못합니다. 내 회사 동료는 그런 사람을 '전문직 바보'라고 불렀습니다. 지금까지는 그런 사람도 이른바 성공이 가능한 사회였어요. 하지만 우리 아이들이 사회에 나가는 시대에는 불가능한 일입니다. 세상이 달라졌기 때문이에요.

나는 우리 딸들이 질문을 잘하는 사람으로 성장하길 바라는 마음에서 어릴 때부터, 아니 아기 때부터 아이들에게 질문으로 대화를 시도했습니다. 움직이는 모빌에 초점을 맞추기도 쉽지 않은 아이에게 혼잣말 같은 질문을 했습니다. 아마 많은 부모가 갓 태어난 아이에게 하는 행동일 거예요. 아이가 알아듣기라도 하는 듯 중간중간 궁금한 걸 물었어요. "기저귀를 갈아줄까?", "배고파?" 같은 생존과 관련된 것부터 "오늘은 날씨가 좋네. 내일은 어떨까?", "오늘은 무슨 책을 읽어줄까?" 같은 답변을 들을 거라고 기대할 수 없는 질문들을 자주 했습니다.

그때부터 아이는 의문형 문장에 익숙했을 거예요. 아이가 자라 의견이나 생각을 나눌 나이쯤부터는 진지한 물음을 끊임없이 했습니다. 당연히 학교와 친구 얘기부터 시작했습니다. 그리고 아이가 읽는 책에 관해서 질문하고 답변에 꼬리를 물어 다시 질문을 이어갔습니다. 텔레비전을 보면서도 마냥 화면에 집중하지 않았습니다. 늘 질문거리를 찾아 대화했어요. 하다못해 연예인 가십도 어느 순간 질문과 토론의 주제가 되었습니다. 아이들이 성장할수록 아주 사소한 질문을 장난처럼 하기도 하고 진지하게 의견을 듣고 싶어 집요하게 파고들기도 했습니다. 아이들이 내 질문에 답변하면서 알고 있는 것을 다시 확인하고 뒤집어 생각하기를 바랐습니다. 때로는 기존에 알고 있던 신념이나 확신을 의심하게 하는 질문도 했습니다.

예를 들면, 신앙적 관점에서 신의 존재를 무조건 믿어야 하는지 물었을 때, 아이들은 매우 혼란스러워하면서도 답변의 근거를 찾기 위해 노력했습니다. 공부를 왜 하는지 물었을 때도 처음에는 뻔한 답변만 했습니다. 하지만 시간이 지나면서 공부를 삶의 목표와 연관 짓고 가치관을 점검하기도 했습니다.

그리고 어느 날부터는 나에게 질문하기 시작했습니다. 때로는 답변하기 난처하거나 심오한 질문도 했습니다. 더 나아가서 자신과 대화를 하며 질문하고 답변을 찾아가기 시작했습니다. 그만큼 생각이 많아졌다는 의미입니다.

이렇게 아이들이 아주 어릴 때부터 질문을 하다 보니 나름의 원칙과 기준도 생겼습니다.

첫째, 질문은 단문으로 합니다. 질문이 길어지면 아이가 못 알아듣습니다. 질문에 대한 설명을 길게 하다 보면 엉뚱한 방향으로 주제가 전환됩니다. 무엇보다 아이의 집중력이 떨어지고 대화를 피하기 쉽습니다. 지식을 확인하거나 모르는 것을 가르치려고 질문하는 게 아닙니다. 단지 대화를 위한 화두를 던지는 질문이기 때문에 짧게 툭 던져야 합니다. 아이가 관심을 두고 있는 주제에서 시작하는 것이 좋습니다. 아이가 좋아하는 게임이 있다면 그 게임을 만든 회사나 게임의 그래픽이나 기술에 대해서 질문을 던져보는 것도 좋습니다.

둘째, 질문을 통해 주제 하나를 정하면 오랫동안 되풀이해서 정보를 공유하고 의견을 나눕니다. 며칠 전에 이야기했던 내용을 상기시키고 평소에도 자꾸 떠올리게 합니다. 깊게 사유하고 분석하는 능력을 기를 수 있습니다. 주장이나 의견이 변한다면 그 과정을 되짚어보는 것도 좋습니다.

셋째, 질문의 꼬리를 무는 새로운 질문을 찾아냅니다. 예를 들면 '부자와 가난한 사람의 차이는 뭘까? 가난한 사람의 자녀는 왜 부자가 되기 어려울까? 가난한 사람이 부자가 될 방법은 없을까?' 처럼 끝없이 질문을 만들고 대화할 수 있습니다. 딸이 초등학교 5학년 때 나와 산책하면서 시작한 대화가 거의 일주일 동안 이어졌던 기억이 납니다. 처음 대화의 시작은 '왜 이민자 가정의 아이들은 공부를 열심히 할까'였습니다. 대화의 마무리는 마르크스의 변증법에 대한 나의 짧은 설명이었습니다. 어쩌다 그렇게 대화가 이어졌는지 기억나지 않지만, 그때 나눈 이야기가 딸에게는 강렬한 경험이었던지 아직도 기억하고 있더라고요.

넷째, 의심을 유도합니다. 어떤 질문을 하고 답변을 들으면 그 답변이 내 생각과 같다 하더라도 반대의견을 냅니다. 서양식 디베이트 교육에서 흔히 사용하는 방식입니다. 하나의 주제를 놓고 양측으로 의견을 나누어야 할 때, 제비뽑기로 찬성과 반대를 결정하기도 합니다. 평소 자신의 의견과 상반되는 논지를 펴야 할 때도 있습니다. 이 방법은 나와 다른 의견을 가진 사람의 입장을 이해하고 사고의 폭을 넓히는 효과가 있습니다. 나는 가끔 종교나 철학에 관해 이야기할 때도 주류의 주장과 다르게 비판적 관점으로 사고하도록 유도했습니다. 나는 늘 "네 생각이 맞는지 다시 생각해보자"라고 말하면서 아이의 주장에 반대의견을 냈습니다.

다섯째, 가끔은 아이를 당황하게 하는 질문을 합니다. 때로는 일부러 화를 낼 상황을 만들어서 왜 그 질문에 화가 나는지 되짚어보게 합니다. 화내지 않고 대화하는 법을 가르칠 수 있고 자신을 객관적으로 보는 연습을 할 수 있습니다. 다만 매우 조심스럽게 접근해야 아이가 상처받지 않습니다.

여섯째, 아이가 질문하면 최대한 진지하게 답변합니다. 모르는 것은 모른다고 솔직히 말하고 시간을 벌어 나중에 다시 대화합니다. 다만 질문을 되물어 아이가 부모보다 더 많이 말하게 하고 대화를 주도하도록 합니다. 질문 의도와 생각을 들어주는 것이 중요합니다.

일곱째, 아이가 질문을 너무 많이 해 귀찮아질 때도 있고 답변하기 곤란한 질문을 할 때도 있습니다. 그럴 때는 답변을 찾는 과정을 함께 하면 좋습니다. 설령 부모가 쉽게 답변할 수 있는 내용이라도 단문으로 가르치듯 알려주지 않아야 합니다. 그래야 아이도 진지하게 질문하고 답변하는 습관을 들이게 됩니다. 질문을 많이 들어보고 답변을 해본 사람이 질문도 잘하게 됩니다.

여덟째, 아이 스스로 질문하고 답을 찾을 수 있는 방법을 알려줍니다. 가장 좋은 방법은 책을 통해 궁금증을 해결하는 방법입니다. 요즘은 인터넷에 검색하면 백과사전처럼 답변을 찾을 수 있으니 인터넷을 효율적으로 이용하는 방법을 알려주는 것도 좋은 방법입니다.

질문을 주고받으며 대화를 하려면 부모도 공부해야 합니다. 정답을 찾는 공부보다는 세상의 변화에 귀를 기울이고 중요한 학문적 쟁점이나 젊은이들의 유행에 관심을 가져야 합니다. 많은 시간을 들여 탐구하고 배워야 하는 것은 아닙니다. 아이가 관심을 두는 것에 부모도 관심을 가지면 됩니다.

가족 간 대화가 중요합니다

나는 생각을 움직이고, 마음을 나누고, 지식을 공유하는 대화가 없는 가정은 교육의 본질에서 멀어진 것이라 생각합니다. 아이들에게 책 읽기를 통해서 스스로 질문하고 답변을 찾아가는 기술을 가르치고 가족 간의 대화를 통해서 사회생활의 기본을 가르쳐야 합니다.

그리고 무엇보다 중요한 것은 가족 간의 대화를 통해 집 밖에서 받은 스트레스를 해소할 수 있어야 합니다. 부모와 자식이 서로 동정을 살피고 위로를 주고받는 시간이 반드시 필요합니다. 가족 간 결속력이 좋을수록 아이들은 감정적으로 안정됩니다. 정서적 불안감이나 우울감이 없는 아이들은 좀 더 집중해서 공부할 수 있습니다. 대화를 잘하는 가정의 아이들은 집 밖에서 말썽이 휘말려도 부모와 상의해서 빠르게 해결합니다.

나는 사실 아이들과 이야기하는 게 재미있습니다. 그래서 이야기 주제를 늘 궁리합니다. 텔레비전 뉴스를 보다가 아이들에게 의견을 묻고 내가 만난 사람의 사연을 들려주며 다른 사람들의 삶에 관해 이야기를 나눕니다. 때로는 잘 알지도 못하는 전문지식을 찾아 어리숙하게나마 토론을 시도합니다. 그런데 아이들과 대화를 어려워하는 부모들이 제법 많더군요. 어릴 때부터 습관이 되지 않으면 사춘기가 시작된 아이들과 대화를 시작하는 게 쉽지 않습니다. 분위기도 어색하고 어떤 주제로 대화를 시작해야 할지도 잘 모릅니다. 또, 어릴 때는 대화를 많이 했는데 아이가 자라면서 서먹해진 경우도 많습니다. 그럴 때는 아이와 함께 걸으면서 대화해 보세요.

아이들과 '걸으며' 대화하세요

나는 아이들과 걸으며 대화하는 것을 좋아합니다. 함께 앞을 보고 걸을 때 하는 대화는 부담이 없습니다. 속내를 드러내기 불편한 주제라도 어색하지 않게 대화를 이어갈 수 있어요.

사실 사람과의 관계를 좋게 만드는 데는 '함께 걷기'만 한 게 없어요. 오죽하면 연인들이 덕수궁 돌담길이나 남산 둘레길을 걸으면서 사랑을 키울까요. 그런데 한국의 어느 곳에서도 부모와 함께 걷는 아이의 모습을 찾아보기 쉽지 않습니다. 심지어 백화점 아동복 코너에도 아이들은 없고 부모들만 보입니다. 아이들은 누구와 어디에서 무엇을 하는지 궁금합니다.

나는 아이들이 어릴 때부터 손을 잡고 함께 여기저기 돌아다녔어요. 아이들이 조잘조잘 하는 말을 듣고 있으면 내가 세상에서 가장 행복한 사람이 된 것 같았습니다. 아이들과의 대화는 나에게 무엇과도 바꿀 수 없는 소중한 시간이에요. 그런데 식탁이나 소파에 앉아서는 긴 이야기를 나누기 어렵습니다. 마땅히 할 이야기가 없는 아이들이 눈치를 보다가 각자 방으로 들어가 버리기 일쑤입니다. 대화가 길어지면 결국 '부모님 훈시'로 막을 내립니다. 그래서 나는 아이들과 걸으면서 이야기했습니다.

앞을 보고 나란히 걸으며 대화하는 것은 마주 앉아 대화하는 것보다 여러 가지 면에서 좋습니다. 잘 모르거나 생각을 오래 하고 답변해야 하는 내용이 나오면 걷는 데 집중하는 척하면서 시간을 벌 수 있습니다. 논쟁이 오간다고 해도 나무나 풀, 주변 경치를 보면서 주제를 바꿀 수 있고 논쟁을 부드럽게 풀 수도 있습니다. 대화하면서 변하는 감정을 숨기기에도 좋습니다. 화가 나거나 당황한 모습을 보이지 말아야 할 때는 딴청을 부리면 되니까요. 만약 집중해서 이야기를 나누어야 하는 상황이 생긴다면 잠시 걸음을 멈추고 눈을 마주 보고 이야기하면 됩니다.

작은딸은 말수가 적은 편이에요. 내가 열심히 묻지 않으면 학교에서 있었던 일도 이야기하려 들지 않는 아이였어요. 한번 방에 들어가면 밥 먹을 때 말고는 얼굴 보기도 어려웠어요. 그런데 같이 산책하러 가자고 하면 주섬주섬 옷을 입고 나옵니다. 아이가 좋아하는 시내를 온종일 헤매고 다닌 적도 많아요. 특별한 목적 없이 마냥 걸었습니다. 가던 길에 맘에 드는 카페에 들어가서 커피를 마시고 예쁜 가게에서 쇼핑도 했습니다. 둘이 나란히 손을 잡고 한적한 길을 걷다 보면 고민이나 친구 이야기, 좋아하는 아이돌 이야기가 술술 나옵니다. 마주 앉아서 이야기하면 십 분도 이어지기 어려운 주제로 한 시간 넘게 대화하게 됩니다.

걸을 때 무슨 말을 할 것인지도 중요하지만 대화하는 태도가 더 중요합니다. 주로 아이가 얘기하고 나는 질문을 합니다. 내가 하는 말은 주로 "그래서 어떻게 됐는데? 너는 어떻게 생각하는데?"였어요.

사실 걸으면서 대화하기의 가장 큰 장점은 아이에게 말할 시간을 만들어줄 수 있다는 것입니다. 말하면서 생각이 정리되고 스트레스가 풀리니 몸과 정신 건강에 도움이 되고 공부에 집중할 힘을 기를 수 있어요. 또, 부모와 대화하면서 자연스럽게 소통하는 법을 배우기도 합니다.

아이들과 많이 걷는다는 말을 지인들에게 하면 공부할 시간도 부족한데 어떻게 그럴 수가 있느냐며 의아해하는 분들이 많아요. 학원 다니느라 시간이 없는 아이들과 산책은 불가능하다고 말하는 사람이 대부분입니다.

생각해보면 나도 아이들이 중고등학교에 다닐 때는 함께할 시간을 내기 쉽지 않았습니다. 그래도 나는 입시 때문에 스트레스가 많은 큰딸을 데리고 호수 길을 걷고 동네 시장을 헤매고 다니기도 했습니다. 날씨가 험악할 때는 백화점에서 옷이나 화장품을 구경하면서 대화했어요. 시험 기간에도 아이를 데리고 학교 근처라도 걸어 다녔습니다.

함께 걸으면서 이야기를 나누다 보면 자연스럽게 힘들었던 일도 이야기하고 앞으로 계획에 관해 이야기하게 돼요. 나도 아이들과 결론을 낼 수 없는 무수한 토론을 했고 책이나 사회 이슈 등에 관한 여러 가지 이야기를 나누었답니다.

아이와의 관계가 고민이라면 함께 걷다 보면 해결될지도 모릅니다. 가까운 곳에 마땅히 걸을 곳이 없다면 맛집 투어라도 해보세요. 마주 앉지 말고 나란히 앉아서 밥을 먹으며 가벼운 대화부터 시작해보세요. 마주 앉으면 부모의 표정을 아이가 다 볼 수 있다 보니 어색해서 자꾸 눈을 피하게 되거든요. 서로 눈치를 보느라 대화가 매끄럽지 못할 수 있어요. 마치 처음 데이트를 시작하는 연인들처럼 걸으면서 친해지세요.

들길 따라서, 산길 따라서, 시장길 따라서, 어릴 때부터 익숙해지면 더 좋습니다. 이왕이면 손을 잡고 걸어보세요. 사춘기에 접어들면 부모가 내미는 손을 마주 잡는 아이가 많지 않습니다. 그렇게 한번 놓친 손을 다시 잡기는 쉽지 않으니 어릴 때 자주 손을 잡아야 합니다.

우리가 사는 세상에서는 토론이나 연설을 잘하는 것보다 일상

속 부드러운 대화가 중요할 때가 훨씬 많습니다. 논쟁을 주고받으며 자기주장을 굽히지 않아야 할 때도 있지만 부드럽게 대화하며 상대의 마음을 어루만져야 할 때도 있습니다. 아이가 처한 환경에서 적절한 대화를 주고받을 수 있게 하려면 아이가 배울 수 있도록 부모가 보여줘야 합니다. 일단 함께 걸으면서 대화를 시작해보세요.

우리 두 딸은 엄마와 걷던 게 습관이 돼서 지금도 각자 사는 곳에서 친구와 연인과 동료와 때로는 혼자 걷는다고 합니다. 운동 삼아 걷기도 하고 마음을 다스리느라 걷는답니다. 몸과 마음 건강에 걷기만큼 좋은 게 또 있을까요?

독서가 취미생활이 되게 하려면

근대 철학의 아버지라 불리는 데카르트는 '좋은 책을 읽는 것은 과거의 가장 뛰어난 사람들과 대화를 나누는 것과 같다'는 말을 했다고 해요. 나도 책을 읽으며 직접 경험할 수 없는 귀한 경험을 하고 감동하거나 의외의 통찰을 얻거나 새로운 질문이 떠오를 때가 있어요. 책은 정해진 시간 안에 읽어야 한다는 부담이 상대적으로 적기 때문에 드라마나 영화보다 훨씬 깊이 사유할 수 있어요. 책은 느리고 깊게 하는 대화입니다. 인문학 책이든, 전공 서적이든, 수학이나 과학 같은 공식만 가득한 책이든 그 안에는 무수한 질문과 답변이 있습니다. 심지어 소설책도 인생이나 사랑, 부조리한 사회에 대한 질문에서 시작합니다. 독자는 책을 읽는 동안 작가와 대화를 통해 답을 찾아가는 과정을 경험합니다.

또 하나의 식상한 책 예찬론이라고 치부할 수 있겠지만, 책이 사람을 좀 더 지혜롭고 덕망 있게 성장시키는 것은 확실합니다. 삶의 가치관에 따라서 굳이 책을 가까이하고 싶지 않은 사람도 있을 지 모르겠습니다. 하지만 인생을 좀 더 풍요롭고 다양한 생각을 하면서 살고 싶다면 책을 가까이하는 습관을 들여야 합니다. 책 읽기를 즐기는 사람은 세상을 넓고 깊이 볼 줄 압니다.

책을 많이 읽은 사람은 다른 사람과의 소통이 수월합니다. 나이와 지위를 막론하고 대화가 가능합니다. 그래서 나이가 들어도 세상의 변화를 빠르게 이해하고 수용합니다. 속된말로 꼰대가 돼서 뒷방으로 밀려나지 않을 수 있습니다. 아이에게 책을 읽히는 것은 인생과 학문, 인간관계 그리고 사회에 대한 질문과 답변을 찾아가는 방법을 알려주는 것입니다. 그런데도 자녀에게 책 읽는 습관을 만들어주지 않는다면 자녀교육의 가장 중요한 것을 놓치는 셈입니다.

무엇보다 책을 읽지 않고 글을 잘 쓰는 사람은 거의 없습니다. 말을 조리 있게 잘하는 사람을 보면 늘 책을 옆에 끼고 있습니다. 책을 읽지 않고도 글을 잘 쓰고 말을 잘하는 사람이 있을지도 모르겠지만 깊이에서 차이가 납니다. 기질적으로 말을 유창하게 못하고 글쓰기에 재능이 없는 사람이 많습니다. 내가 아무리 노력해도 우사인 볼트처럼 달릴 수 없는 것처럼 타고난 기질은 무시 못 합니다. 하지만 글쓰기와 말하기는 지금 시대에 필수 능력입니다. 그러니 재능이 없을수록 더 노력해서 실력을 키워야 해요. 건강하게 살기 위해서 운동에 재능이 없어도 반드시 필요한 만큼 운동을 해야 하는 것과 같은 이치입니다.

나도 운동을 좋아하지 않아 금세 지루해지고 지쳐서 포기하기 일쑤입니다. 어릴 때부터 운동을 즐기지 않았고 힘들고 재미없는 것이라는 생각 때문에 꾸준히 하는 습관을 들이지도 못했기 때문이에요. 책도 마찬가지예요. 책을 통해 어떤 경험을 했느냐에 따라 책을 좋아하기도 하고 싫어하기도 합니다.

많은 부모가 아이가 어릴 때는 경쟁이라도 하듯 엄청난 양의 책을 사들입니다. 하지만 학년이 올라가면서 부모도 아이도 책에 대한 관심이 시들해집니다. 학교 공부에 쫓기다 보니 시간도 없고 정신적 여유도 없다는 게 핑계입니다. 아이는 학교 선생님이나 부모가 읽으라는 책을 억지로 읽습니다. 마지못해 독후감을 쓰거나 책의 내용을 얼마나 파악하고 있는지 확인받습니다. 그러다 보면 책에 재미를 느끼지 못하게 됩니다.

어릴 때 맛있게 먹은 음식이 영혼을 위로해주는 소울푸드가 되듯, 어린 시절 책을 읽으며 느낀 감정이 평생 책을 대하는 습관을 만듭니다. 내가 책을 좋아하게 된 이유도 심심할 때 집에 있는 책으로 무료함을 달랬기 때문이에요. 해가 일찍 떨어지는 산골 마을에서 어린아이가 방에 앉아 할 일이라고는 책 읽기와 상상하기 뿐이었으니까요. 그렇게 기분 좋은 경험이 쌓이다 보니 심리적 안식을 주는 취미가 된 것입니다.

우리 큰딸이 책을 좋아하게 된 이유도 비슷합니다. 엄마 무릎에 앉아 책 속에서 즐거움과 행복을 느꼈기 때문이에요. 삶이 힘들고 지칠 때 텔레비전을 보는 사람도 있고, 운동을 하는 사람도 있고, 유흥을 즐기는 사람도 있습니다. 하지만 공부하다 지칠 때, 일하다 피곤할 때 책을 읽는 사람도 있습니다. 우리 큰딸이 그랬습니다. 그런 큰딸을 고리타분하다고 여기는 친구들도 있었던 것 같아요. 책을 공부로 생각했기 때문입니다. 재미있는 드라마나 영화를 보면 시간 가는 줄 모르듯이, 책을 읽으면서도 그런 재미를 느낄 수 있다는 것을 모르는 것입니다. 공부나 일에 방해가 될 정도로 푹 빠져서 헤어나지 못할 정도로 흥미진진하게 책을 읽은 경험을 해보지 못해서 그렇습니다.

 책 읽기 습관, 이렇게 만드세요

책을 꾸준히 읽게 하려면 당연히 아이가 좋아하는 책을 읽게 해야 합니다. 적어도 초등학교 저학년까지는 재미와 흥미 위주로 책 읽기를 도와주세요. 하지만 너무 쉬운 책만 읽게 하면 그야말로 오락으로 그칩니다. 나는 우리 딸들에게 문장 독해수준이 아이의 능력보다 조금 높은 책을 권했습니다. 만약 아이가 관심이 없는 분야라면 재미도 없는데 어렵기까지 해서 포기하기 쉽습니다. 하지만 관심 있는 분야라면 전부 이해하지 못해도 후다닥 읽습니다. 그리고 다시 비슷한 수준의 다른 책을 읽으며 이전 책에서 이해하지 못한 부분을 이해합니다.

우리 아이들은 중학생 때까지는 주로 소설 위주로 독서를 했어요. 나는 아이들이 자라면서 가벼운 철학이나 인문학 책도 읽기를 바랐습니다. 하지만 아이들은 딱딱하고 어려운 책을 선뜻 읽고 싶어 하지 않았어요. 그럴 때 나는 아이들에게 수시로 그 분야에 관해 이야기해줬어요. 내가 읽은 책과 알고 있는 내용을 재미있는 에피소드 위주로 들려주었습니다. 유년기 아이들은 부모가 관심 갖는 것에 자연스럽게 호기심을 갖기 때문에 부모가 의도한 대로 유도할 수 있습니다. 읽는 게 익숙하고 문해력이 키워지면 어렵고 지루한 책도 읽어나갈 힘이 생깁니다. 적당히 즐기며 책 읽는 습관이 들면 공부머리도 좋아지고 생각의 깊이도 달라지고 세상을 바라보는 통찰력도 얻게 됩니다.

나는 책을 재미로 읽히다보니 아이들에게 완독보다는 다독을 권했습니다. 무엇을 배웠는지, 충분히 이해했는지는 중요하게 생각지 않았습니다. 많은 책을 읽기 가장 좋은 곳은 도서관이에요. 여러 권의 책을 읽다 보면 좀 더 깊이 알고 싶은 분야가 생깁니다.

읽고 또 읽어서 표지가 너덜너덜해질 때까지 읽고, 잠들 때도 머리맡에 두고 보는 책도 생겼습니다. 책에 대한 취향을 찾아가다 보면 적성까지 파악하게 됩니다.

작은딸은 초등학교 1학년까지 캐나다에 살았어요. 당시 작은딸은 다른 아이들이 아직 읽기가 서툴 때 벌써 제 언니가 물려준 두꺼운 책을 들고 다니며 읽었습니다. 학년보다 수준 높은 책 몇 권을 읽은 것입니다. 그 덕분에 작은딸의 별명은 '챕터걸'이 되었습니다.

사실 두께가 두껍다고 모두 어려운 책은 아닙니다. 그런데 친구들 눈에는 작은딸이 아주 어려운 책을 읽는 것처럼 보였던 것 같아요. 작은딸은 으쓱한 마음에 책을 더 많이 읽었습니다. 두꺼운 책을 읽는데 재미까지 있으니 성취감도 생겼습니다.

성취감은 어느 순간 즐거움이 되고 자연스럽게 책에 빠지게 합니다. 처음엔 쉽고 재미있는 책부터 시작해서 다양하게 분야를 넓혀갔습니다. 그러다가 어렵고 지루한 책을 만나면 포기하기도 했습니다. 하지만 이미 책을 많이 읽는 아이라는 평판을 듣게 된 아이는 주변의 시선과 기대를 의식하게 됐습니다. '나는 책을 많이 읽는 사람이고, 책을 재미있어하는 사람이야.' 이런 생각은 마치 최면과도 같습니다. 그 덕에 아이들은 책 읽기를 멈추지 않았습니다. 우리 집 두 딸은 주변 사람들로부터 책 많이 읽는 자매로 불렸습니다. 나도 아이들이 책을 재미있게 읽는 것을 늘 칭찬했습니다.

사실 이런 방법은 자칫 잘못하면 아이를 옥죄는 사슬이 될 수 있습니다. "너는 공부를 열심히 하는 아이야. 착한 사람이야. 성실한 사람이야"라고 말하면 기대를 저버리지 않으려고 애쓰다가 지쳐서 도리어 도망갈 수 있습니다. 하지만 너무 과하지 않다면 가장 효율적인 **동기 부여**가 됩니다. 우리 딸들에게 내가 사용한 방법이기도 합니다.

아이와 책 수다를 나누세요

얼마 전에 지인 집에 놀러 갔다가 그 집 모자간의 실랑이를 한참 넋 놓고 본 적이 있어요. 나와 대화를 하던 지인이 느닷없이 아들을 향해서 "오늘 목표한 만큼 책 읽었어?" 하며 윽박지르듯 묻더군요. 아들이 "네" 하고 답변했지만, 아들이 그 책을 완전히 이해했는지 확인해야 한다며 학습지에 답을 적게 시켰습니다. 아들은 군소리 없이 학습지를 풀어왔고 지인은 내 앞에서 보란 듯이 채점했습니다. 그러고는 "책 똑바로 안 읽었구먼. 다시 읽어!" 하고 아이를 방으로 들여보냈습니다. 아이는 마지못해 다시 방에 들어갔습니다.

아이가 무슨 책을 읽고 있는지 봤더니 우리 딸이 어릴 때 너무 재미있게 읽었던 명작소설이었습니다. 그 책은 나도 어릴 때 읽었던 책입니다. 그 엄마는 항시 나에게 자기 아들이 책을 많이 읽는다고 자랑했었습니다. 나는 그 엄마에게 아이와 함께 책을 읽는지 물었습니다. 그런데 그 엄마는 아주 당연하다는 듯, "요즘 누가 책을 읽어요. 바쁘기도 하고, 원래 책을 좋아하지도 않았어요"라고 말했습니다. 그런데 왜 아이들에게 책을 읽히는지 물었더니 요즘은 좋은 대학에 가려면 책을 많이 읽어야 한다고 했어요. 그러니까 그 집 아들에게 책은 공부였습니다. 고작 초등학교 저학년 아이가 대학교 입시 준비를 위해서 책을 읽어야 한다면 그 책이 재미있겠냐고 물었더니 책은 원래 재미없는 거라고 단언하더라고요. 엄마가 책을 재미로 읽어본 적이 없으니 아이에게도 책을 재미있게 읽히지 못하는 것입니다. 그 집 아이에게 책 읽기는 또 하나의 학과목일 뿐이었습니다. 나는 그 엄마에게 책이 재미없어도 아이 앞에서만큼은 책을 좋아하는 척이라도 하라고 넌지시 권했습니다.

우리 큰딸은 남들보다 일찍 한글을 읽기 시작했지만, 나는 하루에 조금씩이라도 아이와 함께 책을 읽으려고 노력했습니다. 그러다가 점점 아이 혼자 책을 읽는 시간이 많아졌습니다. 그럴 때 나도 옆에 조용히 앉아서 책을 읽었습니다. 그러면서 "우리 딸이 책을 재미있게 읽네. 정말 재미있나 보다?"라고 한 번씩 말을 걸었어요. 어떤 때는 책 읽기에 싫증이 나서 곧 책장을 덮을 것 같다가도 내 그 말에 다시 책에 눈을 고정했습니다. 엄마의 기대를 저버리기 싫어서 재미있게 읽는 척한 거예요.

초등학교 저학년까지는 내 의도대로 한두 시간씩 꼼짝하지 않고 책을 읽었습니다. 가끔은 보란 듯이 어려운 책을 읽는 시늉을 했어요. 그럴 때 은근히 놀라는 척해주면 으쓱해서 더 열심히 읽었습니다. 하지만 어려운 책을 읽는다고 해서 좋은 것만은 아니에요. 책 한 권을 읽는 데 투자하는 시간이 너무 길어지면 지루할 수밖에 없습니다. 아이의 수준에 맞는 책을 재미있게 읽어야 배우는 것도 많습니다. 책을 읽고 느낀 점과 배운 것을 확인할 기회를 만들어주면 더 좋아요. 하지만 학습지를 푸는 것처럼 문답하고 채점하거나 독후감을 쓰는 게 아닌, 책 내용에 대해 수다처럼 이야기를 나누는 방법이 더 좋습니다.

나는 캐나다에 살 때 시간만 나면 아이들과 도서관에 갔습니다. 학교에 다녀온 큰딸의 손을 잡고 아직 걸음이 느린 작은딸을 안고 도서관에 가서 오후 시간을 보냈어요. 여름방학 때는 냉방이 잘된 곳에서 장난감과 책을 가지고 온종일 놀 수 있으니 동네 도서관은 우리 아이들에게 가장 좋은 놀이터였습니다.

도서관에는 어린이들에게 유익한 프로그램을 많이 운영했어요. 아이들이 모여서 그림도 배우고 잠옷 바람으로 모여서 영화도 봤습니다. 그중에 우리 딸이 가장 좋아한 프로그램이 여름방학 리딩클럽이었어요. 아이들이 읽은 책을 가지고 도서관에 가서 자원봉사를 하는 오빠나 언니, 할머니, 할아버지와 이야기를 나눕니다. 딸 또래의 아주 어린 아이들부터 초등학교 고학년까지 누구나 참여할 수 있어요.

자원봉사자는 주인공 이름부터 책 속 줄거리와 흥미 있었던 대목에 대해서 아이에게 묻습니다. 아이들은 자신이 읽은 책의 줄거리를 이야기하느라 신이 납니다. 그러면 자원봉사자는 감탄사를 연발하며 재미있게 들어줍니다. 자원봉사자가 어릴 때 읽었던 책을 아이가 가져오기라도 하면 두 사람은 시간 가는 줄 모르고 수다를 떱니다. 때로는 책 속의 한 구절을 가지고 소감을 나누기도 했어요. 아마 그때부터 우리 딸은 토론을 즐겼던 것 같아요. 자기 생각을 남에게 이야기하고 남의 의견을 경청하는 재미를 배웠던 거예요.

우리 딸은 몇 년 동안 빠지지 않고 리딩클럽에 참여했어요. 책은 혼자 읽어도 감흥에 젖거나 유용한 지식을 얻을 수 있습니다. 그런데 누군가와 책에 대해서 즐겁게 이야기를 나누면 마치 드라마를 보고 친구와 수다 떨 때와 같은 재미를 느낄 수 있습니다. 그 역할을 부모나 친밀한 사람이 해주면 가장 좋습니다. '책 수다'를 나누다 보면 대화하는 방법도 배우고, 좀 더 발전하면 토론 기술까지 익히게 됩니다.

'돼지엄마'로부터 멀어져야 하는 이유

캐나다에 살다가 한국에 돌아왔을 때 한국 교육이 부모(엄마) 중심으로 돌아가는 모습에 적지 않게 당황했어요.

물론 어느 사회나 자녀교육에 적극적인 부모는 있기 마련입니다. 캐나다에는 열일 제쳐두고 아들의 하키선수 생활을 뒷바라지하는 '하키아빠(Hockeydaddy)'가 있습니다. 북미에서는 극성스러울 정도로 아이를 끌고 가는 부모를 '타이거', '잔디깎기', '헬리콥터'로 분류해서 부릅니다. 어디나 부모들의 그런 행태를 곱게 보지는 않는 것 같아요. 그러니 굳이 조롱 섞인 이름까지 붙여 따로 분류하겠죠.

그런데 한국에 와서 보니 자기 자녀뿐 아니라 다른 아이들까지 몰고 다니는 사람들이 있더군요. 이른바 '돼지엄마'입니다. 내가 경험한 돼지엄마는 우수한 아이의 부모(주로 엄마)로, 자기 아이의 공부나 비교과 활동에 같이 참여할 아이를 '선발'합니다. 돼지엄마들은 대부분 활동적이고 적극적인 성격이라서 자기주장이 명확하고 리더십도 강합니다. 수완도 좋고 교육과 입시에 관한 정보력도 대단합니다. 어떤 형태로든 사교육 시장과 끈끈한 연계가 있습니다. 그리고 자기 이득을 확실히 챙깁니다.

한국에 돌아와서 얼마 안 됐을 때 캐나다에서 알고 지내던 지인을 만났어요. 그이는 나보다 먼저 한국에 들어와 영어 개인 교습을 하고 있었어요. 경험을 좀 더 쌓은 후 영어 학원을 운영하는 게 목표라더군요. 그러면서 나에게 영어 그룹 과외를 해보지 않겠냐고 했습니다. 원래는 본인이 가르치던 아이들인데 시간이 맞지 않아 더 가르칠 수 없다고 했습니다. 대형 영어 학원에 다니는 아이들인데 명문 고등학교의 이름(민사고 대비)을 건 반에 들어가는 것이 목표라고 했습니다. 과외 선생은 새로운 것을 가르치는 역할보다 아이들이 다니는 학원 숙제를 도와주는 학습 관리자 역할이라고 했습니다.

나는 지인의 강권을 핑계 삼아 그룹 과외를 시작했습니다. 내게 가르치는 재능이 있는지 확인해보는 기회라고 생각했어요. 그런데 지인이 나에게 한 가지 충고를 했습니다. 절대로 돼지엄마

말에 'NO'라고 하지 말라고요. 가능하면 구구절절 긴 대화를 하지 말라는 말도 덧붙였어요.

유학 업무를 오랫동안 해왔기 때문에 사람 상대하는 데 나름 이골이 난 편이었습니다. 할 말과 하지 말아야 할 말을 구분할 정도의 눈치는 있었습니다. 그래서 "그런 거라면 걱정하지 마. 내가 알아서 할 테니"라고 말했는데, 지인은 미묘한 표정을 짓더라고요. 나는 그때만 해도 돼지가 어떤 아이의 별명이겠거니 했습니다.

그렇게 만난 네 명의 아이들은 초등학교 6학년이라고 하기에는 영어도 잘했고 중학교 2학년까지 수학 선행을 마친 우등생들이었어요. 엄마들과는 처음 과외 수업을 시작하던 날 잠시 인사를 나누었지만, 연락처를 주고받은 것은 그룹의 리더 격인 한 엄마뿐이었어요. 그 엄마는 나에게 수시로 연락을 했습니다. 본인 아이가 수업 시간에 어땠는지 묻는 것으로 시작해 같이 공부하는 아이들의 학습 태도까지 물었습니다.

그러던 어느 날 그 엄마가 한 아이를 지목해서 이것저것 물었습니다. 아이는 다른 아이들에 비해 적극적이고 숙제도 가장 잘해오고 실력도 좋은 아이였어요. 가끔은 다른 아이들이 해야 할 답변을 가로채기도 했지만, 수업에 방해가 될 정도는 아니었습니다. 나는 왠지 그 아이를 변호해야 할 것 같아 그 아이 덕에 수업에 활력이 있다는 말을 덧붙여가며 그 아이를 칭찬했습니다.

그런데 웬일인지 그 엄마가 지목했던 아이는 더 이상 그 반에 나오지 않았습니다. 아이들 말에 의하면 그 아이가 학원을 옮기면서 과외에서 빠지기로 했다더군요. 그로부터 며칠 후 수업에 빠지게 된 아이의 엄마에게 전화가 왔습니다. 본인 아이가 그룹에서 빠진 이유가 내가 그 아이를 싫어해서라고 들었다며 자신의 아이에게 무슨 문제가 있는지 궁금하다고 했습니다.

나는 뭐라고 말해야 할지 몰라 얼버무려 전화를 끊었습니다. 그리고 지인에게 연락해서 사정을 설명했습니다. 지인은 마지못해 '돼지엄마'에 대해서 설명해주었습니다. 자신의 아이보다 실력이 좋거나 적극적인 아이는 그룹에 끼워주지 않는 게 그 엄마 나름의 법칙이라고 했습니다. 자신의 아이보다 조금씩 실력이 밑도는 아이들을 찾아내 과외 그룹을 만든답니다. 추측건대 자신의 아이 위주로 수업이 진행되도록 하려는 의도가 아니었을까 생각됩니다. 그런 분위기라면 아이는 자연스럽게 공부에 자신감을 얻는 것은 물론이고 학습 효과도 가장 높을 테니까요.

얼마 지나지 않아 그 팀이 해체됐으니 더 이상 가르칠 필요가 없다는 통보를 받았습니다. 나중에 새로운 팀이 꾸려졌다는 소식을 지인에게 전해 들었지만 나에게 아이들을 맡아 달라는 연락은 오지 않았습니다. 더 적극적으로 아이들을 몰아세워 실력을 올려줄 선생을 찾더랍니다. 나는 그 무렵 돼지엄마에 관한 신문 기사를 보고 돼지엄마의 역할과 그녀들이 휘두르는 권력의 힘과 영향력에 대해서 알게 되었습니다. 경기 서남부 신도시, 그다지 교육열이 높을 것 같지 않은 곳에서 어리숙한 내가 처음 경험한 조금은 어설픈 돼지엄마였습니다.

내가 진짜 수완 좋고 치밀하며 카리스마 넘치는 돼지엄마를 만난 것은 큰딸이 특목고 입시를 준비할 때였습니다. 어느 날 토론 학원에 보내 달라는 딸에게 나는 "토론을 왜 학원 가서 배우니?" 하고 물었습니다. 아이는 이미 국제 중학교에 지원했다가 불합격한 경험이 있었던 터라 특목고에 가려면 뭐가 필요한지 알아봤더랍니다. 다른 아이들이 뭘 하는지, 특목고는 어떤 아이들이 가는지 봤더니 비교과 활동으로 토론 대회에 나가더랍니다. 외국대학을 준비하는 많은 아이가 영어 토론을 배운다더군요. 당시에는 영어 토론대회 수상 실적이 있으면 한국 대학교 입시에도 유리했던 터라 제법 인기 있는 비교과 활동이었습니다.

토론 대회에 나가려면 토론 규칙을 배우고 끊임없이 실전 연습을 해야 합니다. 대회에 출전하려면 팀을 꾸려 전략을 세우고 자기 역할을 충실히 해야 합니다. 그러므로 체계적으로 훈련받지 않으면 발전도 없고 눈에 보이는 성과도 없습니다.

토론 학원에 가면 논리와 지식으로 상대를 강하게 압박하는 기술을 배웁니다. 정해진 시간 안에 막힘없이 상대의 논리를 반박해야 합니다. 때로는 억지 주장과 짧은 식견만으로 이미 검증된 사회과학적 이론이나 논리를 무색하게 만드는 궤변을 늘어놓아야 할 때도 있습니다. 그래야 토론 대회에 나가서 상대를 이길 수 있습니다. 절대로 독학으로 배울 수 없는 영역입니다. 스포츠 경기에서 승마나 골프처럼 아무나 할 수 없고 아무나 하지 않는, 한국 사회에서 가장 이질적인 비교과 활동 중 하나입니다.

실력 있는 아이들이 모이는 학원은 강남 일대를 통틀어 몇 곳 안 됩니다. 외국인 학교와 국제중, 일부 특목고 진학을 준비하는 아이들이 모이다 보니 아이들끼리 서로 얼굴을 다 알고 누가 잘한다, 못한다는 소문이 돕니다. 실력 있는 선생도 많지 않습니다. 학원에서는 아무나 받아주지도 않습니다. 높은 토플 성적은 필수고, 학원 선생이 아이를 인터뷰해서 합격 여부를 결정합니다. 그렇게 선발된 아이들은 점잖게 말싸움하는 기술을 배웁니다.

그때 나는 영어 토론 학원에서 무엇을 가르치는지 영어 토론 대회의 목적이 무엇인지도 잘 몰랐습니다. 하지만 다른 아이들에 비해서 학원을 많이 다니지 않는 아이가 새로운 것을 배워보고 싶다는데 굳이 말릴 이유가 없었습니다. 멋모르고 아무 준비 없이 국제중에 지원했다가 낙방한 아이가 특목고에 가겠다며 선택한 비교과 활동이라서 하지 말라고 말릴 수 없었습니다.

집 근처에 마땅한 학원이 없었기 때문에 대중교통으로 한 시간 거리에 있는 청담동 학원에 등록해줬습니다. 좀 다니다 말겠지 하는 마음이었어요. 아이는 일주일에 두 번 지하철을 타고 학원에 갔습니다. 마침 내가 다니던 회사 근처에 학원이 있어서 학원 수업이 끝나는 시간까지 사무실에서 기다렸다가 밤 열시가 넘어서야 아이를 데리고 퇴근했습니다. 중학생 여자아이가 한 시간 거리를 혼자 지하철을 타고 가는 것이 마음이 편치 않아서 한 선택이었지만 기다리는 시간이 지겨웠습니다. 그래서 나는 아이가 하루 빨리 포기하기를 바랐습니다.

그러던 어느 날, 아이를 데리러 학원 마치는 시간에 갔더니 어떤 사람이 나에게 반갑게 인사를 했습니다. 토론 학원 같은 반 아이의 엄마였습니다. 할 이야기가 있으니 낮에 잠시 시간을 내서 만나자고 했습니다. 그 엄마가 바로 강남 돼지엄마라는 것을 나는 직감적으로 알아챘습니다. 만날 약속을 정하고 헤어졌지만 뭔지 모를 불편함이 느껴졌습니다. 그 엄마에 대해서 사전 정보를 얻으려고 딸에게 물어보니 토론도 잘하고 공부도 잘하는 아이의 엄마라고 했습니다. 아이가 학원에서 수업 듣는 동안 창밖에서 지켜보다가 아이에게 필요한 것이 생길 때마다 즉각 대령하는 엄마라고 했습니다. 학원 선생들과도 친하고 원어민 선생과 장시간 대화를 할 만큼 영어도 잘한다고 했습니다.

우리 딸은 은근히 그 엄마를 부러워하는 것 같았어요. 많은 아이가 그 아이와 같은 팀에 들어가고 싶어 한다면서 딸도 그 아이와 팀이 되면 좋겠다고 했습니다. 나는 그 엄마가 하려는 이야기가 뭘까 궁금해하며 약속 장소에 나갔습니다. 아니나 다를까, 본인의 아이에게 우리 딸 이야기를 들었다면서 칭찬을 침이 마르게 하더니 당시 유명한 영어 토론 대회를 같이 준비하자고 했습니다.

잘 맞는 아이들끼리 팀을 꾸려서 유능한 선생님께 따로 배우면 좋겠다고 했습니다. 이미 선생님도 섭외했고 우리 딸을 포함해서 '똘똘한 아이들' 몇 명이 같이 움직인다고 했습니다. 아이들이 편한 시간에 맞춰 선생의 스케줄을 조정할 수 있으니 더 편리하다고 했습니다. 토론 대회에 나가 우승하려면 수강 시간을 더 늘려야 하는데 기존에 다니고 있는 학원은 일정 조정을 할 수 없는 게 문제라고 했습니다. 더불어 나는 이름도 들어본 적 없는 퀴즈대회와 다른 비교과 활동도 거론하면서 같이 준비시키자고 했습니다. 다만 수강 일정이 정해지면 팀원 모두 반드시 지켜야 하고 아무 때나 팀을 탈퇴할 수 없다고 했습니다.

그 엄마는 우리 딸의 다른 과목 학습 진도까지 물었습니다. 수학 선행은 어떻게 어디까지 했는지 묻기에 나는 우리 딸이 수학 선행 학습을 해본 적 없고 학교 진도만 따라간다고 말했습니다. 그랬더니 그렇게 공부해서는 특목고 가기 어렵다며 좋은 수학 선생을 소개해주겠다고 했습니다. 참 고마운 말이었습니다.

하지만 나는 두 가지 모두 정중히 거절했습니다. 우리가 강남에 살지 않았기 때문에 아이 혼자 대중교통을 타고 먼 거리를 왕래하는 것이 부담스럽고 수학 선행학습을 해야 할 이유도 없었기 때문입니다. 그랬더니 그 엄마는 외국에 살다 와서 한국 물정을 잘 몰라서 그렇다며 "한국에서는 수학 못하면 아무것도 못 해요"라고 말했습니다. 마치 작정하고 한 수 가르쳐주겠다는 듯 특목고에 가려면 어떤 준비를 해야 하는지 한참 설명해주었습니다. 아이를 좋은 학교에 보내려면 엄마가 시간과 돈을 아끼면 안 된다는 말도 덧붙였습니다.

나는 아이에게 내 시간을 그렇게 많이 투자할 수 없고 사교육에 많은 돈을 들일 형편이 안 된다고 솔직하게 말했습니다. 그랬더니 어처구니없다는 표정을 지으며 "아이 혼자 지하철을 타고 학원에 다닌다니, 엄마도 아이도 대단하네요"라고 했습니다. 칭찬인지 비아냥거림인지 알 수 없었습니다.

영하 20도를 오르내리는 캐나다 겨울에도 무거운 책가방을 메고 1시간 넘게 버스 통학을 했던 아이입니다. 한국에서도 중학교 2학년 때부터 지하철과 버스를 타고 다니며 자원봉사를 하고 국제 인권단체 캠페인에 참여했습니다. 학원이나 기타 비교과 활동을 할 때도 혼자 대중교통을 이용해 이동했습니다. 아이는 내가 차로 데려다주겠다고 하면 오히려 부담스러워 했어요. 어찌 보면 우리 가족에게는 당연한 일인데 그 엄마 눈에는 아이를 버려두는 엄마로 비춰진 것 같아요. 나와는 형편도, 생각도 다른 사람이었습니다.

지금 생각해보면 내가 강남에 살고 경제적으로 여유가 있었다면, 그 엄마의 제안을 뿌리치기 쉽지 않았을 것 같아요. 누구나 원하는 최고의 팀에 합류해 탄탄하게 입시 준비를 할 수 있을 거라고 생각했을 테니까요. 하지만 감당하기 어려운 제안을 받아들일 수 없었던 덕에 나는 그 엄마의 영역에서 벗어날 수 있었습니다. 우리 딸은 그 팀에 합류하지 못한 것을 못내 아쉬워했지만, 나로서는 어쩔 수 없었어요.

큰딸은 친구 몇 명과 팀을 만들었습니다. 주로 자신과 비슷한 형편의 아이들끼리 모여 미숙하지만 서로 의논하고 정보를 교류하며 대회에 출전하기도 했습니다. 물론 성적이 좋지는 않았지만, 아이들은 즐겁게 배웠습니다. 그 후로도 아이는 형편에 맞는 방식으로 친구들과 팀을 이루어 함께 각종 대회에 나가기도 했고 봉사활동 등 다양한 비교과 활동을 했습니다.

큰딸의 주변에는 항상 돼지엄마의 아이들이 있었어요. 그 엄마들은 활동적이고 적극적이고 게다가 원하는 것을 관철할 추진력도 있습니다. 돼지엄마가 옆에 있는 것만으로 뭔가 도움 받을 것이 있을 것 같아 믿음직할 때도 있었습니다. 내 아이가 돼지엄마의 선택을 받으면 대단한 인정이라도 받은 것처럼 기분이 좋아지기도 했습니다.

하지만 한 가지 분명한 것은 돼지엄마 덕에 내 아이의 실력이 좋아질 수는 없다는 것이에요. 아이마다 공부하는 능력이 다르고 기질마저 다른데 돼지엄마의 정보력만 믿고 추천하는 그룹에 합류시켰다가 오히려 자기주도 학습과 멀어질 수도 있다는 생각이 들었습니다. 게다가 늘 존중받고 주목받는데 익숙한 돼지엄마의 아이 곁에서 들러리만 하느라 내 아이의 자존감이 낮아질 수 있습니다. 자칫 돼지엄마에게 버림이라도 받게 되면 엄마와 아이 모두 상처를 받을 것이 분명합니다.

요즘은 돼지엄마의 입지가 많이 줄었다고 해요. 하지만 언제 어디서나 돼지엄마 역할을 하는 사람은 있습니다. 심지어 어른들의 세계에도 자신이 가진 정보력과 능력으로 주변 사람을 통제하고 좌지우지하려고 하는 사람이 있습니다. 그런 사람에게 휘둘리지 않고 내 의지대로 길을 찾아가기란 쉽지 않습니다. 그래서 더욱더 그들에게 휘둘리지 않는 용기와 혜안이 필요합니다. 내게 돼지엄마를 멀리할 수 있는 배짱이 있었던 것은 내 아이들이 스스로 잘 해낼 거라는 믿음이 있었기 때문입니다.

세계의 명문대는 어떤 학생을 뽑을까요?

큰딸이 하버드를 졸업한 지 좀 되었지만 지금도 가끔 인맥을 타고 나에게 연락하는 부모들이 있어요. 꼭 하버드를 보내겠다는 마음보다는 단순한 호기심으로 이야기를 듣고 싶어 합니다. 내가 교육 전문가도 아니고 우리 아이들이 잘 컸다는 보장도 없으므로 늘 부담스럽고 민망합니다. 그럴 때마다 지나고 보니 내가 미리 알았더라면 좋았을 것들 몇 가지를 이야기해주고는 합니다.

그런데 하버드는 어떻게 하면 보낼 수 있는지 묻는 말에는 미국 대학교 입시 절차와 인재상을 알아보라고 간단하게 답변합니다. 너무 뻔하고 성의 없는 답변을 들은 사람들의 실망한 눈빛을 보면 미안한 마음이 듭니다. 하지만 내게 그보다 더 확실하게 들려줄 이야기는 없습니다.

미국의 대학은 대학마다 학생 선발의 자율권이 보장됩니다. 학교마다 지원자를 평가하는 방식이나 중요하게 여기는 항목에 조금씩 차이가 있습니다. 인재상이 달라서라기보다 학교마다 처한 상황이 달라서인 듯합니다. 정부기금으로 운영되는 국공립대학은 당연히 돈 나오는 곳의 눈치를 봐야 합니다. 하지만 돈 많은 사립은 졸업 후 사회에 나가 영향력을 행사하고 학교 이름을 드높이고 사회적 성공을 이룰 가능성이 있는 미래 인재를 찾습니다.

하버드 대학교도 마찬가지입니다. 그렇다면 어떤 기준으로 사회적 성공 가능성을 가늠할까요. 부유하거나 사회적 영향력이 있는 가정의 자녀가 첫 번째입니다. 그래서 부모가 성공한 하버드 대학교 동문이면 그 자녀의 하버드 입학이 상대적으로 유리합니다. 이른바 'legacy' 전형이 따로 있을 정도입니다. 그리고 뚜렷한 성과를 거둔 운동선수에게도 제법 많은 자리가 할당됩니다. 그 나머지 자리를 차지하는 학생의 됨됨이를 알고 싶다면 하버드 대학교가 요구하는 지원서 내역과 평가항목을 보면 됩니다.

나는 가끔 하버드생과 서울대생의 공부 총량은 어느 쪽이 더 많을까, 단순 암기식 지식과 일반 상식을 어느 쪽이 더 많이 알고 있을까 궁금합니다. 아마도 단연 서울대학교 학생일 거예요. 어쩌면 집중력도 서울대학교 학생이 더 좋을지 모르겠어요. 다만 어느 쪽 학생이 책을 더 많이 읽었는지, 비판적 사고와 깊이 있는 사유에 얼마나 익숙한지는 완전히 다른 이야기입니다. 어릴 때부터 공부하는 내용과 방식이 다르고, 무엇이 중요한지, 어떻게 살아가야 하는지 판단하고 계획하는 기준에 차이가 있을 거예요. 두 대학 학생의 지능과 능력 차이 때문이 아니라 **입시방식**과 **평가 기준**이 달랐기 때문입니다. 하지만 최근 서울 대학교 입시전형을 보면 미국의 입학사정관 제도와 비슷한 부분도 제법 많아졌습니다. 그만큼 한국형 인재의 기준도 많이 달라지고 있다는 방증이겠죠.

미국 대학교에 지원하려면 먼저 '커먼 앱(Common App)'이라는 플랫폼을 이용해야 합니다. 표준 시험과 내신 성적을 포함한 학업 성취도, 비교과 활동 내역, 본인이 쓴 에세이 몇 편, 선생님과 주변인의 추천서를 제출하고 인터뷰로 최종 심사를 합니다. 전체 내용만 보면 한국의 학생부 종합 전형과 별다를 것이 없어 보입니다. 하지만 내용을 깊숙이 들여다보면 제법 큰 차이가 있습니다. 그중 가장 눈에 띄는 부분은 평가 항목별 배점입니다. 하버드 대학교의 항목별 심사 비중을 보면 학업성적이 30%, 특별활동과 에세이 부문이 각각 25%, 추천서 15%, 인터뷰 5%라고 합니다. 에세이와 비교과 활동을 합한 비율이 학업 성취도보다 높아요. 선호하는 에세이 주제는 공부나 비교과 활동과 관련된 서술보다는 인성과 가치관을 엿볼 수 있는 내용이라고 해요. 해석하자면 하버드가 원하는 인재는 학업 성취도는 기본이고 열정과 리더십, 소통과 설득 능력까지 갖춘 '사회인'이라는 뜻입니다. 더불어 세상을 바라보는 관점이 긍정적이라서 선한 영향력을 끼칠 수 있는 사람을 동문으로 받아들이겠다는 의미도 있습니다.

 첫째, 성적입니다

기본적으로 공부를 잘해야 합니다. 내신이 좋아야 하는 것은 물론이고 SAT, AP 등 각종 표준 시험 점수를 제출하는 게 유리합니다. 표면적으로 보면 심사항목 중 우열을 가리기 가장 쉬운 항목입니다. 그런데 문제는 하버드를 비롯한 대부분의 미국 명문대학교는 성적의 기준이 불분명하다는 것입니다. 한국의 수능이나 내신 등급처럼 기준이 명확하지 않습니다. 같은 조건일 때 성적이 좋으면 좋을수록 유리하겠지만 성적이 낮아도 합격하는 지원자가 있고, 성적이나 표준 시험 점수가 나무랄 데 없이 좋은데 불합격하는 경우도 많습니다.

게다가 최근에 미국 대학교 평가 순위 10위 안에 드는 명문 시카고 대학교에서 2018년부터 SAT를 비롯한 표준 시험 점수를 제출하지 않아도 심사에서 불이익을 주지 않겠다고 발표했습니다. 내신으로만 학생의 학업 성취도를 평가하겠다는 의미입니다. 표준 시험 없이 명문대학교에 지원하겠다는 생각조차 할 수 없었던 시절에 비하면 획기적인 변화임이 틀림없습니다. 표준 시험을 보기 위해 먼 거리를 이동해야 한다거나 비용이 부담스러워 시험 볼 엄두를 내지 못하는 저소득층을 위한 제도이기 때문에 그 혜택을 볼 학생의 숫자는 많지 않을 것이라 예상합니다. 그렇지만 명문대학교 합격의 필수요소라고 여겨졌던 표준 시험 점수 없이 학생을 선발하겠다는 것은 성적만으로 학생의 가능성을 평가하지 않겠다는 의미입니다.

하버드도 마찬가지로 어느 정도 이상의 학업 수준을 갖춘 학생은 점수로 줄을 세우거나 단 몇 점 차이로 심사 자격을 박탈하지 않습니다.

큰딸이 처음부터 최고 수준의 대학교에 지원할 생각을 한 것은 아닙니다. 그래서 완벽한 성적을 받기보다 원하는 비교과 활동에 좀 더 시간을 투자했습니다. 물론 큰딸이 미국 명문대학교에 진학할 계획을 세웠다고 하더라도 성적 관리에만 전념하지는 않았을 거예요. 완벽한 표준 시험 점수를 만들기 위해서 여러 번 같은 시험을 보거나 학업 성과를 완벽하게 관리하기 위해 집착한 듯한 모양새를 보이면 오히려 입시에 불리하다는 게 정설입니다. 명문대학교에 지원하는 학생이라면 누구나 할 것 없이 수학 능력이 매우 뛰어나기 때문에 성적만으로 지원자를 판단할 수 없습니다. 비슷한 학업 능력을 가진 학생들이 모이는 곳이기 때문에 **다른 평가**

항목에서 우수성을 보여줘야 합니다. 우리 딸이 하버드에 합격하던 해에 딸보다 훨씬 좋은 표준 시험 점수와 내신 성적을 가진 아이가 많았습니다. 하지만 그해 하버드에 조기 전형으로 지원한 한국 고등학생 중 유일하게 합격한 사람은 우리 딸뿐이었습니다.

 둘째, 비교과 활동입니다

하버드 지원자들 대부분은 어릴 때부터 다양한 비교과 활동을 했습니다. 적성을 찾고 리더십을 기를 수 있는 활동부터 학교성적과 별개의 학급 활동과 자원봉사까지, 학교 안은 물론이고 학교 밖과 해외까지 넘나들며 많은 시간과 비용을 들입니다.

입학사정관은 지원자의 비교과 활동 내역을 통해서 지원자의 관심과 열정, 근성, 인생의 목표, 세상을 대하는 자세를 볼 수 있습니다. 한국과 달리 어디에서 무엇을 어떻게 했든 상관하지 않고 원서에 기재할 수 있습니다. 표면적으로는 지원자의 비교과 활동 내역의 진실성을 꼼꼼히 따지지도 않는 것처럼 보입니다. 부모의 도움을 받거나 엄청난 돈을 쏟아붓거나 심지어 본인이 적극적으로 참여하지 않은 활동을 원서에 써도 확인할 방법이 없어 보이기 때문입니다. 하지만 노련한 입학사정관들은 제법 예리한 눈으로 비교과 활동 내역을 검토하고 당락을 결정하는 것 같습니다. 이력이 화려하다고 무조건 합격시키지도 않습니다. 지난 몇 년간 내가 지켜본 하버드 합격생 대부분은 자신의 소신과 열정으로 사소해 보이는 비교과 활동에 충실했던 학생들입니다.

오랫동안 꾸준히 해온 비교과 활동이라 하더라도 쏟아부은 열정과 활동 과정에서 배운 점 등을 잘 표현하는 것이 무엇보다 중요합니다. 제한된 지원서와 에세이 몇 편으로 그 과정을 적절하게 설명하기란 쉽지 않습니다. 자신의 노력과 의지 없이 결과만 화려한 지원자는 더더욱 그렇습니다. 성적이 좋고 다양한 비교과 활동까지 무난하게 해치운 것처럼 보이는 능력자라고 해서 하버드에 합격한다는 보장은 없습니다.

우리 딸은 어릴 때부터 다양한 비교과 활동을 했습니다. 그중 하나가 토론 대회 참가입니다. 큰딸은 초등학교 때 다닌 영재 프로그램에서 토론식 수업을 하며 자연스럽게 토론에 익숙해졌습니다. 한국으로 돌아와 중학교에 다닐 때는 대회용 '토론 기술'을 배우기 위해 학원에 다니기도 했습니다. 고등학교 때는 실력 있는 친구들과 팀을 이뤄 각종 대회에 참가했습니다.

토론 대회는 영국과 캐나다의 국회 의사 진행 방식을 그대로 빌린 것이다 보니 서구 지역에서는 제법 전통 있는 비교과 활동으로 인정받습니다. 우리 딸은 토론의 기술에 능숙하지 않았지만 좋은 팀원을 만난 덕에 성과가 좋았습니다. 국내는 물론 국제 토론 대회에 나가서 상을 여럿 받았습니다. 그런데 아이는 상보다 더

값진 것을 얻었다고 합니다. 그중 가장 중요한 것은 팀원들과 공동의 목표를 달성하기 위하여 각 역할에 따라 책임을 다하고 조율하는 방법을 배운 것과 상대 팀의 이야기를 경청하고 즉흥적으로 반론을 제시할 수 있는 논리력과 순발력을 기를 수 있었던 점이라고 해요.

또, 기후 변화와 관련된 학술 활동과 자원봉사에 참여했습니다. 사실 이 활동은 남편의 관심 분야였습니다. 남편은 아이들이 어릴 때부터 기후변화의 심각성에 관해 설명하곤 했습니다. 큰딸은 중학교 때부터 기후 변화에 관심을 두기 시작하더니 고등학교에 들어가서는 좀 더 적극적으로 기후 변화를 세상에 알리는 활동을 하기 시작했습니다. 미국 앨 고어 재단에 최연소 활동가로 선발돼 전 세계에서 모인 성인들과 함께 교육도 받았습니다. WHO에서 출간한 기후변화 학술지를 번역하기도 했습니다. 교육용 서적으로 출판을 할 요량이었지만 비용 문제 때문에 포기해야 했습니다. 하지만 그 덕분에 기후 변화에 대해서 좀 더 깊이 있게 공부할 수 있었습니다.

학기 중에도 초중고를 돌아다니며 강연을 했어요. 나는 그때만 해도 고등학생이 그런 활동을 할 수 있다는 생각조차 하지 못했어요. 그런데 큰딸은 시간을 아끼지 않고 적극적으로 강연 기회를 찾아 이곳저곳에 연락했고 기후변화에 대해서 알리기 위해 시간을 아끼지 않고 강연을 하러 다녔습니다. 입시 막바지 가장 바쁜 시기인 고등학교 3학년 때는 시골 초등학교에 일주일간 출근하면서 아이들에게 기후 변화에 대해 가르치기도 했습니다. 그 학교는 내가 나고 자란 폐광촌에 자리한 나의 모교이며 우리 가족이 캐나다에 살다가 잠시 한국을 방문한 어느 해 큰딸이 몇 개월간 공부했던 곳이기도 합니다. 그래서 나에게도, 딸에게도 매우 의미 있는 시간이었어요.

그러나 큰딸이 학창 시절 중 가장 많은 시간과 열정을 많이 투자한 일은 국제 인권단체 활동이었어요. 이 일도 마찬가지로 초등학교 때부터 하던 활동입니다. 큰딸의 친구 중에 부모님 두 분이 모두 대학교 교수인 아이가 있었어요. 그 가족 모두 인권단체 활동을 했는데, 우리 딸과 친구 몇 명도 그 가족 손에 이끌려 캠페인에 참여했습니다. 그 후로 인권에 관심이 커진 딸은 나와 남편을 이끌고 인권단체 활동에 참여하기도 했습니다.

그렇게 시작된 인권 활동은 한국에 돌아와 중학교를 거쳐 고등학교 때까지 이어졌습니다. 꾸준하고 성실하게 활동하는 모습을 지켜본 어른들의 인정을 받아 청소년 그룹을 승인받아 리더로 활동하기도 했습니다. 그 외에도 탈북자 청소년에게 영어를 가르치고, 죽음을 목전에 둔 노인들이 마지막을 준비하는 요양원에서 청소도 했습니다. 미국의 시민단체와 연락이 닿아 설문조사 요원으로 활동하기도 했는데, 그때의 인연 덕분에 큰딸은 하버드 대학교에 진학한 후 학내 여성 인권 단체의 리더가 되기도 했습니다.

대학교 원서를 쓸 때 그동안 해왔던 비교과 활동 중 총 9개를 추려 중요도에 따라 순서대로 나열합니다. 큰딸은 본인이 했던 모든 비교과 활동 중에 원서 맨 첫 자리에 인권 단체활동을 올렸습니다. 눈에 띄는 기후 변화 활동이나 실적이 좋은 토론 대회에 참가한 내역을 뒤로하고 흔해 빠진 데다 특별한 실적도 없는 인권 활동을 지원서 첫 칸에 쓰는 게 맞는지 고민이 많았어요. 하지만 우리 딸에게 가장 중요한 것은 인권단체 활동이었고 무엇보다 진정성이 있었습니다.

우리 딸이 공부를 못했다고 말할 수는 없어요. 특목고에서도 늘 상위권의 성적을 유지하고 다양한 표준 시험에 응시해 좋은 성적을 받았습니다. 공부하기 위해서 들인 노력도 적지 않습니다. 하지만 비교과 활동에 들인 열정과 투자한 시간도 적지 않았습니다. 솔직히 말하자면 대학교 입시를 위해서 계획적으로 한 일도 있고 아빠로부터 정보를 얻거나 도움을 받은 것도 있습니다. 하지만 대부분 어린 시절부터 관심을 두고 하던 일을 꾸준히 이어온 것들입니다.

비교과 활동은 뭐니 뭐니 해도 진로를 결정하는 데 큰 도움이 되었습니다. 대학교 전공을 선택해 지원서를 작성하고 에세이를 쓰고 인터뷰를 하는 데 진정성과 개연성을 어필하기도 쉬웠어요.

하버드 대학교에 합격하려면 다방면에서 뛰어난 실력을 갖춘 만능형 인재여야 한다고 알려지던 때가 있었습니다. 공부는 물론이고 운동, 토론, 봉사, 악기나 미술 같은 취미활동에 이르기까지 다양한 비교와 활동을 하고 골고루 성과를 내야 한다는 말입니다.

물론 그 많은 것을 다 잘하면서 공부까지 잘하는 나무랄 데 없는 수재도 있었습니다. 누군가는 지역 오케스트라에서 활약하고 콩쿠르대회에 나가서 상을 받아 오거나 스포츠 국제 대회에 참가하기도 했습니다. 하지만 대부분의 아이는 공부하면서 그 모든 것을 소화하고 게다가 좋은 실적까지 내기는 쉽지 않습니다.

우리 딸도 중학교 때부터 나와 함께 요가를 했지만, 균형을 잡는 데만 몇 달이 걸리고 들숨과 날숨조차 조절이 안 되었어요. 그래도 건강을 위해 꾸준히 했습니다. 캐나다에서 초등학교에 다닐 때 플룻을 배웠지만, 그마저도 능숙하게 다룰 수 없었습니다.

하지만 나는 딸이 모든 것에 골고루 능력이 있는 인재가 아니라는 것을 잘 알고 있었습니다. 게다가 취미생활까지 입시 실적을 위한 비교과 활동으로 전락시키기 싫었습니다. 억지로 하게 해서 지긋지긋해진 기억이 되어 평생 멀리하게 될까 두려웠습니다. 취미생활은 힘들고 지칠 때 편안한 마음으로 즐기도록 남겨두라고 말해줬습니다. 덕분에 큰딸은 지금도 틈틈이 요가를 하며 건강관리를 합니다.

다행히 하버드 대학교는 모든 것을 두루 잘하는 한 사람 보다 각자의 장점과 특성을 가진 여러 사람이 모여 조화를 이루는 대학 사회를 지향한다고 합니다. 덕분에 못하는 것이 많은 내 딸이 하버드에 합격할 수 있었을지도 모르겠습니다.

 셋째, 학생이 직접 쓰는 에세이입니다

미국 대학교 입시에서 중요도를 순서로 정리하면 성적 다음이 '에세이'입니다. 전 미국 입학사정관들이 설문 조사에 답변한 내용만 봐도 에세이는 비교과 활동보다 더 중요한 항목입니다. 학업 성취도와 비교과 활동의 실적이 남들보다 저조하더라도 자신의 약점을 보완할 수 있는 최고의 방법입니다.

커먼 앱을 통해서 제출하는 에세이는 적어도 세 편 이상입니다. 주로 지원자의 특정 경험이나 비교과 활동을 통해서 보고 배우고 느낀 점에 관해 쓰게 됩니다. 에세이 주제는 해마다 달라집니다. 지원자의 철학을 엿볼수 있는 특색 있는 에세이 주제를 제시하는 때도 있고, 무난하고 평이해 보이지만 개인의 사생활까지 솔직하게 써야 해서 오히려 조심스러운 주제도 있습니다. 에세이 형식은 문과와 이과를 막론하고, 감성 수필을 쓰듯 해야 합니다. 미려한 문체로 자신의 내면을 표현하고 살아온 날을 묘사하고 삶의 목표와 열정을 보여줘야 합니다. 제한된 글자 수에 맞춰야 하므로 중언부언하다 보면 정작 써야 할 것을 쓰지 못할 수 있습니다. 대학입시 에세이라고 해서 이력서의 자기소개서 쓰듯 특색 없이 성과나 성장 과정을 나열해서도 안 됩니다. 서양식 교육에서 초등학교 때부터 끊임없이 훈련하는 '**글로 자신을 표현하는 방식**'의 결정판입니다.

에세이의 내용은 어때야 할까요? 짧은 에세이 안에 자신이 살아온 궤적이나 꿈은 물론, 인성과 열정과 가치관까지 보여줘야 하므로 적절한 소재를 찾아 인용해야 합니다. 가치관과 세계관까지 글 안에 녹아나게 써야 합니다. 그러다 보면 숨겨둔 윤리의식이 흘러나오기도 합니다. 아무에게도 말 못 한 자신의 정체성이나 역경을 용기 있게 보여주는 지원자도 있습니다. 때로는 자신의 소신을 멋지게 피력하기도 합니다. 그래서 위험합니다. 에세이 몇 편에 글쓰기 실력은 물론, 감추고 싶은 나쁜 인성과 삐뚤어진 열정과 왜곡된 세계관이나 가치관까지 들통날 수 있기 때문입니다.

최근에 용돈 벌이 삼아 후배들에게 에세이 지도를 하는 큰딸의 어깨너머로 글 한 편을 읽었습니다. 그 에세이를 딸에게 전달한 사람은 잘 쓴 에세이라고 생각하고 자랑삼아 보낸 듯했습니다. 그런데 우리 딸의 평가는 냉정했습니다. 최근에 읽은 글 중에 가장 실망스러운 글이라며 악평을 하더군요. 기업인 부모를 둔 덕에 어려움 없이 자란 데다 두루 실력까지 갖춘 수재가 대학교 입시용으로 쓴 글이었어요. 부모가 경영하는 회사의 직원이 산재로 사망한 사건을 본 소회를 잘 나타내고 있었습니다. 문제는 글의 결말이 '사람은 누구나 그렇게 살다가 죽는다'였습니다. 철학책 속 미사

여구를 끌어다 멋을 부리기는 했지만, 자기 부모를 옹호하느라 사회적 부조리에 대한 고찰은커녕 생명 존중이나 인간에 대한 예의도 모르는 파렴치한의 모습을 그대로 드러냈더군요. 제법 수준 높은 단어를 사용하고 매끄러운 문체와 적절한 인용구 덕분에 자칫 잘 쓴 글처럼 보였습니다. 하지만 서민 생활에 대한 무관심과 몰이해가 부끄러운 줄 모르는 철없는 어린아이의 낙서에 불과했습니다. 아무리 아름다운 글도 자기 혼자 잘났다고 주장하거나 실수나 잘못을 변명하느라 타인에 대한 공감을 저버린다면 입학사정관의 마음을 얻을 수 없을 거예요.

미국의 고등학교를 비롯한 미국 대학 입시를 준비하는 세계 각국의 학생들은 매년 하버드나 미국 대학교 커먼 앱 에세이 주제를 보고 자신의 경험과 가치관을 글로 표현하는 연습을 꾸준히 합니다. 시야를 넓히기 위한 다양한 글도 읽게 합니다. 준비 없이 졸속으로 에세이를 마무리해서 제출하면 합격하기 어려울 테고, 급하게 에세이 첨삭 지도를 받는다고 해도 단기간에 좋은 성과를 내기 어렵기 때문입니다. 생각 다듬기와 글쓰기 훈련은 오랜 시간을 들여 훈련해야 합니다. 가끔 에세이 대필에 억 단위의 비용을 들였다는 소문이 돌기도 해요. 그것은 엄연히 불법일 뿐 아니라 그렇게 해서 합격하더라도 입학 후 아이의 학교생활은 순탄치 않을 거예요. 하버드 대학교를 비롯한 미국의 명문대학교들이 왜 그렇게 지원자의 에세이에 큰 비중을 두느냐 하면, 서양, 특히 미국에서는 아무리 지적 수준이 높고 인성이 훌륭해도 전달 방식이 미숙하면 리더로서 역할을 잘 수행할 수 없기 때문입니다.

상명하복이 통하지 않는 문화라서 부하직원에게 지시할 때도 대화나 토론을 통해서 의견을 피력하고 설득해야 합니다. 직설적이고 논리적인 표현만으로는 상대의 마음을 얻기 어렵습니다. 솔직하면서도 감성을 자극하는 문장도 적절히 구사할 줄 알아야 합니다. 사업가도, 공학자도, 의사도 예외는 아닙니다. 미국 사람들이 토론과 연설을 잘하는 대통령이나 사회지도자에 열광하는 이유이기도 합니다. 하버드 대학교는 재학생들의 글쓰기 교육에도 심혈을 기울입니다. 우리나라도 이제 권위와 복종이 통하지 않는 사회로 변해가고 있습니다. 논리적이면서도 가슴을 울리는 연설을 하는 지도자가 주목받기 시작했습니다. 훌륭한 연설은 좋은 글에서 나옵니다. 자녀에게 글쓰기 교육에 시간과 노력을 아끼지 말아야 할 때입니다.

우리 딸이 다닌 한국의 특목고에서도 글쓰기 수업에 심혈을 기울였습니다. 입시 결과에 영향을 미칠 뿐만 아니라 미래 인재에게 꼭 필요한 능력이기 때문이에요. 우리 딸은 글쓰기에 있어서만큼은 꾸준히 즐기면서 훈련한 덕에 어릴 때부터 재능을 인정받았습니다. 그런데도 정해진 주제에 맞게 정해진 분량 안에서 인상 깊게 쓰는 것이 쉽지 않았던지 원서 제출 마감까지 고쳐 쓰기를 반복했습니다. 우리 딸이 다른 하버드 지원자들보다 학업 성취도와 비교과 활동에서 더 뛰어나다고 말할 수 없습니다. 하지만 에세이 만큼은 조금이라도 더 좋은 글을 쓰려고 노력했습니다. 애쓴 보람은 있었습니다. 하버드에 합격한 후 입학사정관에게서 손편지를 받았는데, "너의 에세이가 아주 인상적이었다"는 내용이었습니다.

하버드에 제출한 에세이 한 편을 딸의 동의를 얻어, 이 장의 맨 뒤에 영문 그대로 올리겠습니다. 평가는 읽는 분들에게 맡기겠습니다.

넷째, 학교 선생님과 기타 관련자의 추천서입니다

에세이가 자신의 장점을 최대한 표현하는 방법이라면, 추천서는 선생님이 학생을 평가하는 항목이기 때문에 좀 더 객관적이라고 할 수 있습니다.

미국이나 캐나다 같은 서구권은 모든 것이 추천으로 이루어집니다. 취업할 때 추천인이 없다면 새 직장을 잡기 어렵습니다. 공채시험제도가 있는 한국에서는 혼자 공부해서 시험에 통과하면 취업의 길이 열리지만, 서양에서는 어림없는 일이에요. 이력서를 제출할 때 전 직장의 동료나 상사의 추천서를 같이 보내라고 하는 회사가 대부분입니다. 중고등학생이 자원봉사를 할 때도 사회적 지위가 있는 추천인이 필요하고, 시간제 아르바이트를 하려고 해도 누군가의 추천서를 요구합니다. 이사를 할 때도 전 주인에게 연락해서 신용을 비롯한 세입자로서 문제는 없었는지 확인합니다. 전 집주인이 나쁜 평가를 하면 이사 갈 집을 구하기도 어렵습니다. 추천인 제도는 서구 사회에서 의무이자 권리로 자리 잡았기 때문에 추천 내용을 대체로 믿습니다. 실제로 아무리 가까운 사이라도 추천을 해야 하는 중요한 사안이 있을 때는 냉정해집니다. 그만큼 사회적 평가를 중요하게 여긴다는 뜻이에요.

서구 사회가 매우 개인주의적이라고 알려졌지만, 한국보다 평판을 훨씬 중요하게 여깁니다. 평판은 실생활에 다양하고 지속적으로 영향을 미칩니다. 돈과 능력으로도 마음대로 할 수 없는 게 추천인 제도입니다. 사회적 관계를 유지하기 위해서 부지런히 움직이지 않으면 원하는 것을 얻지 못할 수 있습니다. 소극적이고 내성적인 사람에게 불리한 면도 있습니다.

미국 대학교 입시에서 추천인은 어떤 역할을 할까요? 고등학교 선생님은 지원하는 학생의 추천서를 어떻게 쓸까요? 한국 대학을 지원할 때 학생 스스로 추천서를 쓴다는 이야기를 듣기도 했고 실제로 본 적도 있습니다. 워낙 매스컴에서 요란하게 떠들었으니 관행이 사라질 만도 한데 우리 딸이 입시를 치르던 8년 전이나 지금이나 별반 달라지지 않은 것 같습니다. 추천인의 자격을 그만큼 중요하지 않게 생각하기 때문입니다.

입학사정관제를 도입할 때는 미국처럼 추천서의 역할을 기대했을 거예요. 하지만 한국은 냉정하게 학생의 공과를 기술할 만큼 선생님들이 모질지 못한 것 같습니다. 게다가 선생님은 행정적으로 할 일이 너무 많아 보입니다. 그러니 학생들이 추천서를 자기 손으로 쓰는 일이 벌어지겠죠.

하지만 미국 대학교는 다릅니다. 경쟁률이 높은 대학교일수록 추천서를 간과할 수 없습니다. 합격과 불합격의 갈림길에 선 경우에는 더욱 그렇습니다. 명문 고등학교에 신뢰할 만한 교사의 추천서라면 더 영향력이 클 거예요. 학생은 진로지도 교사와 두 명의 교과목 선생님께 추천서를 부탁해야 합니다. 추가로 외부인이나 다른 사람의 추천도 받을 수 있습니다.

추천서를 쓰려면 학생에 대해 정확하게 파악하고 써야 합니다. 그런데 그보다 먼저 커먼 앱에 접속해서 몇 가지 주어진 항목에 대해 평가해야 합니다. 학업 성취도, 학업적 잠재력, 글쓰기 능력, 창의력, 토론 능력, 교직원에 대한 존경심, 습관을 절제하는 능력, 성숙도, 동기 부여, 지도력, 진실성, 좌절했을 때 반응, 타인에 대한 배려, 자신감, 진취성에 대해서 '최저, 보통, 좋음, 아주 좋음, 훌륭함, 두각을 나타냄, 최고' 이렇게 일곱 개 중에서 하나에 표를 합니다.

학생은 가장 자신 있는 과목이나 친분이 있는 선생님께 추천서를 받습니다. 선생님은 아무리 친한 학생이라고 해도 거짓으로 평가할 수 없습니다. 만약 한 학교에 여러 명의 학생이 지원한다면 선생님은 모든 학생을 최고로 평가할 수 없습니다. 특히 전교생의 추천서를 쓰는 진로지도 교사는 최대한 객관적으로 평가해야 할 의무가 있습니다. 어찌 보면 미국 대학교 입시에서 진로지도 교사는 대단한 영향력을 가진 셈입니다. 아무리 돈을 많이 주고 사설 컨설팅 업체에 에세이 지도를 받고 비교과 활동에 대한 도움을 받는다 하더라도 학교의 주요과목 선생님이나 진로지도 교사와 관계를 소홀히 하면 안 되는 이유입니다.

우리 딸은 추천서를 학교 선생님들께만 받았습니다. 유명하거나 사회적 영향력이 있는 외부인에게 추천서를 받는 학생도 있었지만 우리는 그런 부탁을 할 만한 사람도 없었고 사실상 큰 의미가 없다고 생각했기 때문입니다. 가까운 곳에서 늘 지켜본 사람이 최대한 객관적으로 써줘야 진실성을 인정받을 수 있다는 것을 나와 아이는 잘 알고 있었습니다.

다섯째, 인터뷰입니다

인터뷰는 미국 현지에 있는 학생의 경우 입학사정관과 직접 인터뷰를 하기도 하지만 한국에서 지원하는 학생들처럼 인터뷰하러 미국까지 갈 수 없는 학생들은 현지에 있는 동문과 인터뷰를 하게 됩니다. 큰딸을 인터뷰 한 분은 20대에 한국의 명문대학교에 최연소 교수로 임용된 유능한 분이었습니다.

사실상 인터뷰가 당락에 영향을 미치지 않는다고 합니다만 지원자들에게는 중요한 관문 중 하나입니다. 우리 큰딸도 그때의 경험이 아직도 잊히지 않을 만큼 인상 깊었다고 합니다.

딸이 전해준 인터뷰 내용을 들어보니 사소한 일상부터 제법 진지하고 전문적인 이야기까지 다양한 대화를 주고받았더군요. 심지어 딸의 비교과 활동과 관련된 주제를 놓고 짧은 설전까지 오갔다고 해요. 인터뷰를 마치고 나설 때 교수님은 매우 흡족해하며 마치 이미 합격한 학생을 대하듯 하버드는 좋은 학교니까 다른 데로 가지 말고 꼭 하버드로 결정하라고 하더랍니다. 어린 학생에게 용기를 주고자 하는 배려의 말씀이었겠지만, 입시 결과를 받을 때까지 마음을 졸이지 않고 편안하게 보낼 수 있게 한 한마디였습니다.

우리 딸은 국내 굴지의 대학교수와 자유롭게 의견을 나눌 수 있었다는 것만으로도 만족스러워했습니다. 반면 버릇없고 고집 센 학생이라는 인생을 준 것은 아닌지 걱정도 했습니다.

합격 후 감사 이메일을 보냈을 때 교수님께 받은 답변에는 인터뷰 때 보여줬던 당당함이 맘에 들었다는 내용이 들어 있었습니다. 지금은 돌아가시고 안 계시지만 딸은 교수님을 만나고 받은 영감과 도전정신 덕분에 자신감 있게 하버드 생활을 할 수 있었다며 지금도 감사하게 생각하고 있습니다.

Lost in Translation

I stood in front of a crowd of children. "Anything that we purchase has something called a 'carbon footprint'. Now everybody, let's look at the life cycle of a bottle of water that you might buy at the supermarket."

My voice quavered as I tried frantically to catch any sign of interest. The children were busy talking to each other quietly, some dozing off, others looking into space absently. My eyes latched on a girl who was looking up at me sympathetically. I struggled to keep my composure.

Several painstaking slides later, it was over. "Thank you," I said, and meager applause came from parts of the room.

I realized the collar of my gray shirt had turned completely black from sweat. I had failed to engage.

On the bus ride back home, I repeated the scene millions of times in my head. What had I done wrong? I had said the right lines at the right time, made a visually appealing presentation, incorporated the relevant facts and numbers... and then it hit me: perhaps I had failed to translate.

From my childhood in Canada, I was an interpreter. I dictated notes in English for my mother, who would write them in her handwriting. "Kate is sick today, please excuse her from P.E." Going back and forth between languages was second nature to me; I followed my mother to the grocery store and to the hospital, and made calls to customer service on her behalf.

As I grew older I realized that there are many types of translation other than that between languages. I remember when my research team arrived in the Maldives. We panicked when Mr. Rasheed, the government official that promised to give directions at the airport, did not pick up his phone. It was ten thirty on a Friday morning; wouldn't he be at his office by then?

When he picked up later that day, he apologized, saying: "I normally sleep in on weekend mornings." No one in our team had imagined that a weekend could be anything other than Saturday and Sunday. More hidden surprises: I could not shake hands with the male officials I met, because physical contact was banned during Ramadan. Even after reading countless reports on "climate change in the Indian Ocean", I was unprepared in another essential way. I was faced with the task of translating between cultures.

The bus jolted to a halt. And this too, I thought, was an issue of translation. My job was to turn lessons about the environment into bite-sized pieces for children. Of course they didn't want to hear about "a big problem that affects the world today." I took out my notepad and planned an entirely new lecture: interactive, interesting, relatable.

Understanding is the first step to communicating. Understanding transcends learning one-word greetings and trying on traditional clothing; it means looking at eye level with those I want to connect with. To preach to anyone other than the choir, I would have to learn who I was dealing with; to reach solidarity, I would first have to find common ground. This is my quest: to translate - to connect worlds, deliver messages, and negotiate solutions.

※ 위 영문 에세이의 한글 번역은 가나출판사 블로그에서 확인하실 수 있습니다.

H A R V A R D

✦ 5장 ✦

불안한 세상을 헤쳐나가는 법

타고난 영재와 훈련을 통해서 길러진 수재의 차이

캐나다에 살던 어느 날 딸의 친구 집에 초대되어 간단한 식사를 하고 이야기를 나눈 적이 있어요. 부부 모두 대학 교수였고 큰아들은 미국 MIT를 다니는 수재였습니다. 딸에게 전해 듣기로 그 집 아이는 밤을 새워 책을 읽고 그 속에 모르는 것이 있으면 도서관에 가서 연관된 책을 모조리 찾아 읽는다고 했어요. 선천적 영재는 아니지만 어릴 때 부모가 깊이 탐구하는 방법을 가르쳤더니 아이 스스로 성에 찰 때까지 파고드는 게 습관이 되었다고 합니다. 아이의 아빠는 자신이 어릴 때 부모로부터 그렇게 교육 받았고 탐구에 대한 열정과 끈기가 얼마나 중요한지 잘 알고 있다고 했습니다. 그 사람은 자신의 아이가 타고난 영재가 아니라서 부모가 원하는 방향으로 훈련하기가 더 수월한 면이 있다고 덧붙였습니다. 영재나 천재는 타고난 기질이 너무 강해서 고집이 세기 때문에 때로는 '훈련'이 어려울 수 있다고 했습니다.

나는 그 집 아이가 영재반에서도 눈에 띄는 우등생인 데다 가족 모두 공부를 잘했기 때문에 좋은 유전자를 물려받은 타고난 영재라고 생각했습니다. 그런데 알고 보니 부모의 노력으로 길러진 수재였습니다.

사실, 우리 큰딸도 타고난 영재는 아닙니다. 어릴 때 또래 아이들보다 영특하다거나 발달이 빠르지도 않았어요. 말도 느렸고 겁도 많았습니다. 아이가 걸음마를 시작한 지 얼마 지나지 않은 어느 날, 말문도 트이기 전에 제 감기약 봉지에 있는 약이라는 글자를 가리키며 "약" 하고 읽는 시늉을 하더군요. 정황을 모르는 사람 눈에는 천재로 보였겠지만 나는 아이가 어쩌다 그 글자를 알게 되었는지 알고 있었기 때문에 그다지 놀랍지 않았습니다.

누구나 그렇듯 나도 첫 아이에게 세상 모든 신기한 것을 보여주고 싶었던 열혈 엄마였습니다. 하지만 우리 큰딸은 말문도 늦게 텄고 주변의 모든 것에 반응이 느린 데다 걸음마를 뗀 시기도 늦었습니다. 나는 15개월이 넘어서 겨우 첫 발짝을 뗀 아이를 안고 이곳저곳을 부지런히 걸어 다녔습니다. 유모차를 태우면 아이의 얼굴을 마주 볼 수 없어서 품에 안고 다니면서 답변 없는 아이에게 계속해서 말을 붙였습니다. 다른 엄마들처럼 나도 습관적으로 아이에게 사물을 손가락으로 가리키며 이름을 알려줬습니다. "자동차, 조심해야 해. 저기 강아지가 지나가네. 멍멍. 아이고, 귀여워라. 저기는 병원이네, 병원. 아플 때 가는 곳이지. 병원에 가면 의사 선생님이 있어. 가본 적 있지? 병원!" 아이도 30개월이 훌쩍 넘길 때까지 내 품에 안겨 다니길 좋아했습니다. 내 품에 안긴 아이는 내 눈높이에서 세상을 봤습니다. 내가 보는 모든 것을 아이에게 설명해줄 수 있었습니다.

어느 날 동네에 개업한 약국의 유리창에 커다랗고 새빨간 색의 '약'이라는 글자가 붙었어요. 한 글자인 데다 색상마저 강렬해서 도드라지게 눈에 띄었어요. 나는 날마다 장을 보러 오가는 길에 글자를 손가락질하며 "약" 하고 반복적으로 말했어요. 다른 아이들이 깔깔 웃으며 부모와 감정을 나눌 때도 무뚝뚝하게 눈만 맞추는 아이와 무엇으로든 소통을 하고 싶었습니다. 글자를 알려줄 의도는 전혀 없었습니다. 마치 사물의 이름을 알려주듯 센소리로 읽기만 했을 뿐인데 아이의 머리에 자연스럽게 각인되었는지 어느 날 내 약봉지에 있는 약이라는 글자를 보고 읽는 시늉을 냈던 것이에요.

마침 우리 집에는 굴러다니는 약봉지가 많았기 때문에 여기저기서 같은 글자를 찾아볼 수 있었습니다. 나는 아마 수백 번도 더 "약"을 아이 귀에 대고 들려줬을 거예요. '약'을 알게 된 후로 다른 글자도 같은 방식으로 익혀갔습니다. 재미 삼아 손끝으로 문자를 하나씩 짚어 가며 무심히 읽어줬을 뿐인데 어느 날 문장을 읽고 책을 읽었습니다.

하지만 글자를 일찍 깨우쳤다고 해서 영재가 된 것은 아닙니다. 글자를 활용해서 무엇을 했는지가 중요합니다. 이제 와 생각해보면 아이가 책의 재미를 몰랐다면 글자에 대한 호기심을 갖지 않았을지도 모릅니다. 글자를 쉽게 익혀서 책을 좋아한 것이 아니라 책을 좋아한 덕에 일찍 글자에 관심을 갖게 된 것입니다. 당시 낱말을 통째로 가르치는 게 유행이었기 때문에 딸 또래 아이들은 대부분 글자를 빨리 깨우쳤습니다. 하지만 그 아이들이 모두 우리 딸만큼 책의 재미를 알지는 못했습니다.

우리 딸이 캐나다의 시골 교육청에 등록된 고만고만한 아이들 틈에서 영재로 인정받을 수 있었던 것은 호들갑스럽고 말 많은 엄마가 장난삼아 수백 번 반복한 글자 하나에서 시작했을지 모릅니다. 그보다 엄마 무릎에 앉아서 엄마가 읽어주는 책을 듣는 것이 너무 즐거워 엄마가 자리를 떴을 때 혼자 읽어보려고 노력했기 때문일 수도 있고요.

타고난 영재가 아닌 후천적으로 길러진 수재의 경우는 관심 있는 분야를 찾아주는 게 중요합니다. 주로 부모의 관심 분야가 아이에게까지 영향을 미칩니다. 타고난 머리가 좋지 않더라도 부모가 즐기는 모습을 보면서 함께 즐기다 보면 누구나 영재가 될지 모릅니다.

나는 아이의 지능을 모릅니다. 단 한 번도 제대로 지능 검사를 해본 적이 없기 때문이에요. 캐나다 공립학교에서 시행한 영재 테스트 결과지에 지능 검사 점수가 있었지만, 굳이 알고 싶지 않았습니다. 사실 그다지 지능이 높은 것 같지 않아서 아이의 지능을 알게 되면 실망할까 봐 두려웠습니다. 아이가 영재로 자라는데 영향을 미치는 것은 지능지수보다 아이의 성장을 지켜보고 기다려주는 부모의 인내라고 생각합니다. 아이를 유심히 관찰하고 이해하려는 노력 말입니다. 스스로 개성을 찾고, 남들 눈치 보지 않고 실행하고, 끈기를 갖고 도전하는 아이라면 지능지수가 얼마든 상관없이 영재가 분명합니다. 선천적이냐 후천적이냐 하는 것은 중요하지 않습니다. 아이가 좀 유별난 특성이 있다면 믿고 지켜봐야 합니다.

머리는 좋은데 공부를 안 한다고 말하는 부모들 대부분 아이의 지능 검사 결과를 들먹입니다. 그리고 아이에게 불필요하고 잘못된 지적을 하거나 무리한 요구를 하기도 합니다. 하지만 지능지수는 숫자에 불과합니다. 공부를 잘하는 아이들이 모두 지능이 높은 것도 아닙니다. 오히려 높은 숫자가 독이 되기도 합니다. 영재성은 지능지수도, 번뜩이는 아이디어도 아닌 끈기와 열정을 바탕으로 즐기며 몰입하는 자세에서 나옵니다. 진정한 영재는 타고나는 것보다 잘 길러지는 것이 더 중요합니다.

아이의 불안을 잠재우는 법

기질적으로 예민한 아이

나는 어릴 때부터 걱정을 안고 살았어요. 텔레비전에서 전쟁 관련 프로그램을 보고 나면 그날 밤은 전쟁이 날까 두려워 잠을 설쳤습니다. 잠결에 부모님들 대화를 듣다가 아버지가 직장 때문에 멀리 떠나 살게 될지도 모른다는 이야기를 듣고 내가 학교에 간 사이에 아버지가 어디론가 떠나버릴까 봐 학교에 가기 싫었던 적도 있어요. 지금 생각하면 실소가 나오는 걱정을 자라는 내내 심각하게 했습니다. 아마 이 정도 걱정은 자라는 동안 누구나 한

번쯤 해봤을 거예요.

그런데 진짜 걱정은 엄마가 된 후에 생겼어요. 딸 둘의 엄마가 된 후 머릿속에서 끔찍하고 무서운 상상이 불쑥불쑥 올라왔습니다. 치가 떨리는 뉴스를 보고 나서 우리 아이들도 그런 일을 당하게 될까 봐 손에 땀이 날 정도로 두려웠던 적도 여러 번입니다. 이 험한 세상에서 내가 아이들을 지켜야 한다는 생각을 본능적으로 했습니다.

나는 꽤 낙천적인 성격이라고 생각했는데 엄마가 되고 보니 매사에 불안해졌어요. 덕분에 나는 잔소리꾼 엄마가 되었습니다. 여자아이들이 안전하게 이 세상에서 살아남기 위해서는 조심성이 중요한 덕목이라고 생각했기 때문이에요. 항상 조심하라는 말을 입에 달고 살았습니다. 맞서는 것보다 피하는 법을 먼저 가르쳤습니다. 자연스럽게 해서는 안 될 행동과 가지 말아야 할 곳도 많아졌습니다. 아이가 위험한 행동을 하면 소리 질러 제지했습니다.

다른 사람들이 겪는 불안증세가 어느 정도인지는 모르겠지만, 우리 가족은 기질적으로 예민한 편입니다. 큰딸은 가족 중에서도 좀 더 예민한 편이었어요. 갓난아이 때부터 잠을 재우기도 어려웠고 쉽게 놀라 깨기도 하고 다시 잠들지 않아 애를 먹였습니다. 아이가 걸음마를 시작할 무렵에는 분리불안 때문에 나는 아이를 돌보는 일 이에는 아무것도 할 수 없었어요. 그렇다고 다른 문제행동을 보인 것은 아니었어요. 서너 살 무렵부터는 주로 조용히 앉아서 책을 보고 혼자서도 잘 놀고 친구 관계도 무난했습니다.

그런데 아이가 만 4세 무렵 아이를 데리고 정신과 의사를 찾아갈 일이 생기고야 말았습니다. 당시 나는 둘째를 임신한 상태였어요. 몸을 움직이는 것이 귀찮았던 나는 고작 4살짜리 아이를 말로 통제했습니다. 묵직하게 목소리를 내리깔고 "하지 마!" 하면 아이가 바로 하던 행동을 멈출 만큼 내 위력이 통했습니다. 그런데 어느 날부터 아이의 행동이 이상해졌어요. 유리컵을 들고 나에게 와서 "엄마, 이거 놓치면 깨지는 거야?" 하고 묻기에 "깨지는 거야. 만지지 마" 하고 대답해줬습니다. 그런데 아이는 그날부터 집 안에 있는 모든 것을 들고 나에게 와서 깨지는 것인지 아닌지 확인하기 시작했어요.

처음에는 놀이 삼아 묻는 건 줄 알고 가볍게 대꾸했는데 시간이 지나면서 무엇인가 잘못되었다는 느낌이 들었어요. 아이가 나에게 "엄마, 이것도 깨지는 거야?" 하고 물을 때 표정이 일그러지거나 말을 더듬기도 했고, 긴장한 듯 고개를 외로 꼬기도 했습니다. 이제 묻지 말라고 화를 내봐도, 불안해 보이는 아이를 안정시키려고 달래보아도 소용이 없었습니다. 아이의 질문은 계속되었어요.

일주일이 지나도록 상황이 좋아지지 않으니 불안한 마음에 정신과 의사를 만났습니다. 그런데 의사의 진단은 내 예상과 달리 너무 시답지 않았습니다. "집에 가서 깨지는 물건은 아이 손에 닿지 않는 곳에 치우세요. 아이가 영리하고 예민해서 그래요. 그리고 이제 아이를 위협하는 잔소리는 그만 하세요." 고작 네 살짜리가 눈을 동그랗게 뜨고 엄마와 의사의 대화를 듣고 있다가 의사가 묻는 말에 또박또박 대답하던 모습이 지금도 눈에 선합니다.

의사는 알 듯 모를 듯 옅은 미소를 지으며 기질적으로 쉽게 불안해지는 성격인 듯하니 자라는 동안 최대한 정서적으로 안정적인 환경을 만들어주라고 말했습니다. 그때만 해도 '예민하다'는 것이 무슨 뜻인지 정확하게 이해를 못 했던 것 같아요. 다만 예민한 아이들이 대체로 영리한 편이라는 말을 위안으로 삼았을 뿐입니다.

집으로 돌아가서 유리컵을 모두 싱크대 깊은 곳에 숨겨 놓고 위험해 보이는 물건도 아이 손이 닿지 않는 곳으로 옮겼습니다. 그러자 다행히 더는 이상행동을 하지 않았어요.

아이는 의사 말대로 영리한 편이었습니다. 나이가 들면서 공부에 재미를 들이고 성취감까지 높아지다 보니 나중에는 스스로 목표를 정하면 밤을 새워서라도 해내는 버릇이 생겼습니다. 그 덕이었는지 초등학교 때는 교육청 영재 프로그램에 선발돼 특별교육을 받았고, 영재반에서도 다른 아이들에게 뒤지지 않았습니다.

그때만 해도 뭐든 열심히 하고 성과도 좋은 딸이 대견했습니다. 캐나다에 있을 때는 잦은 이사로 환경이 자주 바뀌었음에도 겉으로 보이는 불안 증세는 없었습니다. 그런데 우리 가족이 캐나다에 정착하지 못하고 한국으로 돌아오면서 상황은 완전히 달라졌어요.

 경쟁에서 한발짝 물러서기

그때 큰딸은 초등학교 6학년이었습니다. 한국어는 어눌했고 수학은 3년 이상 진도가 뒤처져 있었습니다. 공부해야 하는 양이 엄청났고 내용도 어려웠어요. 공부를 만만하게 생각했던 큰딸의 고전은 예상보다 치열했습니다. 고작 중학교 1학년짜리가 독서실에서 밤늦게까지 공부하고 시간을 쪼개 자원봉사 활동에 강박적으로 매달리더니 중학교 3학년 때는 학생회 활동에 많은 시간을 투자했습니다. 그사이 초등학교의 공백을 모두 메우고도 남을 만큼 성적도 쑥 오르고, 봉사활동을 하며 만난 어른들에게 성실함을 인정받기도 했습니다. 그 덕에 아이는 가고 싶어 하던 특목고에 진학할 수 있었습니다. 나는 날마다 성장하고 발전하는 아이를 보면서 성취도가 높고 성실하다는 생각을 하며 기특하게 여겼을 뿐 내면의 불안을 눈치 채지 못했습니다.

문제는 고등학교 때 불거졌어요. 큰딸이 멋모르고 뛰어든 경기장은 한국에서 가장 치열한 경쟁을 하는 특목고였습니다. 해마다 서울대학교에 진학하는 학생 숫자가 전국 최고인 학교입니다. 큰딸은 중학교 때까지만 해도 공부에 있어서 만큼은 노력한 만큼 성과를 냈기 때문에 고등학교에 가서도 큰 어려움이 없을 거라고 생각했습니다. 외국어 고등학교에서는 영어만 잘하면 되는 줄 알았습니다. 영어권 국가에서 언어 영재로 인정받았는데 '그쯤이야' 하는 자만도 있었던 것 같아요.

그런데 큰딸이 고등학교에 입학하고 보니 영어를 못하는 아이는 거의 없었어요. 어떤 아이는 한 번도 외국에 나가본 적이 없는데 100점이 넘는 토플 점수를 가지고 있었어요. 큰딸은 프랑스어를 제2 외국어로 공부한 적이 있어서 어릴 때 자연스럽게 습득하지 않고 외국어를 배운다는 게 얼마나 어려운지 잘 알고 있었습니다. 단지 공부만 열심히 한다고 다른 나라 언어를 잘할 수는 없는 노릇입니다. 그런데 그 학교에 가니 그런 아이들이 적지 않았습니다. 큰딸은 얼마나 열심히 공부했으면, 얼마나 머리가 좋으면 저 정도 경지에 오를 수 있을까 생각하니 상대가 두려워졌다고 했어요.

공부뿐만 아니라 비교과 활동에서도 믿기 어려운 능력자들이 너무 많았습니다. 천재라고밖에 말할 수 없는 아이들도 여럿 보였습니다. 어릴 때부터 경쟁에 단련된 아이들은 눈빛부터 달랐습니다. 누구 하나 만만한 상대가 없어 보였습니다. 취미로 배웠다고 하기에는 너무 뛰어난 예체능 실력을 갖춘 아이들이 여럿 있었습니다. 중학교 때 이미 각종 대회에서 상을 휩쓴 아이도 있었습니다. 게다가 여느 입시 전문가보다 해박한 지식을 가진 부모가 모든 것을 관리해주는 아이들은 보통사람들은 엄두도 못 내는 비교과 활동을 했습니다. 어느 것 하나 부족한 것 없이 두루 능력을 갖춘 데다 가정환경과 신체 조건마저 좋은 아이들이 수두룩했습니다.

우리 딸은 학기 초부터 열등감과 조바심 때문에 불안해했어요. 사소한 일에도 상처받았습니다. 동아리에 가입하는 것조차 치열한 경쟁을 뚫어야 했는데, 아이는 거절당할까 봐 지레 가입을 포기하기도 했습니다. 중학교 때와 다르게 매사에 자신 있게 나서지 못하고 쭈뼛거리기 일쑤였어요.

나까지 덩달아 노심초사하게 됐습니다. 일주일 동안 기숙사에 머물던 아이가 주말에 집에 돌아오면 나는 바짝 긴장해야 했습니다. 같은 학교 아이들이 얼마나 대단한지 주워섬기면서 열등감에 치를 떠는 아이를 고스란히 지켜봐야 했으니까요.

"죽기 살기로 최선을 다해라. 언젠가는 너의 노력에 대한 보답을 받게 될 것이다." 아이가 잠깐 동안 다녔던 어느 학원 선생님이 자주 하던 말입니다. 얼마나 근사한 말인가요. 나도 "너만 힘든 게 아니야. 참고 견뎌"라는 말이 언제나 입에서 뱅뱅 맴돌았습니다. 그런데 나는 아이에게 이 말을 하지 못했습니다. 옛날에 만났던 고객에게 들은 이야기가 자꾸 머릿속에서 경종처럼 울렸기 때문입니다.

한국으로 돌아와 이민 대행업체에서 일을 막 시작했을 때 점잖은 중년 남자분이 나를 찾아온 적이 있어요. 서울에 있는 전통 있는 외고에 다니던 아들이 미국으로 대학을 가게 됐다면서 비자와 영주권에 대해 문의하러 왔습니다. 명문 고등학교 학부모를 만났으니 궁금한 마음에 관심을 보였더니 그분이 고개를 가로저으면 이런 말을 했습니다. "그 학교에서 매년 한 명씩 떨어져 죽어요. 작년에는 한 달 차이로 두 명이 죽었어요. 애가 그 학교에 다니는 3년 동안 공부를 잘하느냐 못하느냐보다 애가 잘못될까 봐 그게 더 걱정이었어요. 공부 잘하는 애들끼리 모아 놓으면 죽으라고 공부만 하다가 진짜로 죽을 수 있어요." 꽤 충격적인 이야기였지만 현실감이 없어 잊고 지냈습니다.

그런데 내 아이가 같은 처지에 놓이자 그분이 했던 말이 떠올라 섬뜩해졌어요. 내가 걱정하고 보살펴야 하는 것은 그 무엇보다 아이의 건강과 안전이란 생각이 들었어요. 아이에게 열심히 공부해서 좋은 대학교에 가라고 다그칠 수 없었습니다. 차라리 기권하고 도망가는 게 낫겠다는 생각이 들었어요. 기권은 사실상 최후의 수단이지만 그 학교에 아이를 그대로 두었다가는 무슨 일이 벌어질지 모르겠다는 생각이 들 정도였어요. 정신적으로 피폐해지고 종국에 가서 피투성이 패배자가 되느니 미리 도망가는 게 낫겠다고 생각한 거예요. 실제로 1학년 초반에 학교를 그만두고 다른 나라 또는 다른 학교로 가버린 용감한 아이들이 몇 명 있었어요.

나는 딸과 함께 자퇴나 전학을 심각하게 의논하기도 했습니다. 그런데 막상 갈 곳이 없었어요. 외국으로 보내기엔 현실적으로 해결해야 할 문제가 너무 많았고, 동네 고등학교로 전학시키자니 아이가 감당해야 할 자괴감이 만만치 않아 보였어요.

나는 이러지도 저러지도 못하고 미적미적 시간만 끌면서 아이 눈치를 봤습니다. 그런데 어느 날부터 주문처럼 아이에게 "이기려고 하지 말자. 못해도 된다. 욕심을 버리자"라고 말하기 시작했습니다. 하지만 사실은 나 자신에게 최면 걸듯 한 말이었어요. 문뜩 아이만큼이나 위축되고 자존감이 낮아진 나를 발견했기 때문입니다.

아이가 다니는 학교에는 돈 많고 집안 좋고 능력 있는 부모가 너무 많았어요. 아이들의 경쟁보다 더 치열한 게 눈에 보이지 않는 부모들의 경쟁이었습니다. 먹고살기 위해 아등바등 살아가는 직장맘이었던 나는 학교 행사에 참여하기도 쉽지 않았고, 엄마들 모임에 끼는 건 엄두도 낼 수 없었어요. 엄마들끼리 주고받는 학교 소식이나 비교과 활동 정보를 알 길이 없었습니다. 나는 할 수 없이 학교생활에 적응하기도 버거운 아이에게 모든 것을 맡겨두었습니다.

게으르고 능력 없는 엄마라서 아이를 도와줄 것이 없다는 자괴감은 가끔 나를 힘들게 했습니다. 그럴 때마다 나 자신을 위로했어요. '엄마 노릇 잘하려고 애쓸 필요 없다. 이만하면 됐다.' 하며 내 능력으로 할 수 있는 만큼만 하기로 했습니다. 뱁새가 황새를 따라가는 건 자살 행위라는 것을 선조들이 나보다 먼저 알았으니

속담까지 생겼겠죠. 아이와 나 모두에게 힘겨운 시간이었습니다. 하지만 나는 욕심을 버리고 남들과 비교하지 않고 상대와 내가 다르다는 것을 인정하고 내 갈 길 가기로 했습니다.

나는 딸이 성적이나 입시의 결과에 연연하지 않고 무사히 학교를 졸업하기만 바랐습니다. 아이 앞에서 남들의 성과에 관심 없는 척했습니다. 다른 아이들의 소식을 전하며 조바심을 내는 딸에게 무심하게 반응했습니다. 내가 먼저 경쟁에서 한 발짝씩 물러서기 시작했습니다. 아이도 나를 따라오기를 바랐습니다. 학교와 경쟁, 그리고 부모로부터 아이를 잠시 피신시키는 방법이 무엇일까 생각했습니다.

아이에게도 혼자 생각할 시간이 꼭 필요합니다

아이가 다닌 고등학교는 전교생이 기숙사 생활을 합니다. 아이가 그 학교에 지원하겠다고 했을 때 나는 내심 학원에 보내지 않고 대학교 입시 준비를 할 수 있을 거라고 기대했습니다. 사교육을 하지 않아도 입시 준비를 할 수 있도록 학내 프로그램이 준비되어 있다는 홍보 담당자의 말을 믿었기 때문입니다. 기숙사 비용을 포함한 학비가 동네 공립학교보다 꽤 비싼 편이었지만 사교육

스트레스가 없다는 게 큰 매력이었어요. 그때만 해도 나는 한국의 특목고를 캐나다나 미국에 있는 사립학교와 비슷하다고 생각했습니다. 이제 와 생각해보면 내가 한국 물정을 몰라도 너무 몰랐던 겁니다.

내 예상과 다르게 그 학교의 많은 학생은 사교육이 일상생활이었어요. 어떤 아이들은 주중, 주말 가릴 것 없이 학원에 다녔습니다. 작은 시골 마을에 그 학교 학생들만을 위한 학원이 들어섰고, 부모들은 먼 길을 달려 아이들을 강남 학원으로 실어 날랐습니다. 딸은 중학교 때 영어 토론 수업을 듣기 위해 강남 학원에 다니기는 했지만 학과목은 수학 공부방을 다닌 게 전부였어요. 문제집 풀이식 자기주도 학습에 익숙해진 터라 학원에 다닐 필요가 없었습니다. 그러던 아이가 고등학교에 입학하자 학원에 가는 것을 당연하게 생각했습니다.

방학이 다가오자 대부분 아이들은 학원 스케줄부터 정했습니다. 우리 딸도 여름방학 때 다녀야 할 학원을 나열했습니다. 나는 난감했습니다. 그렇게 많은 학원을 전전하는 것이 무슨 의미가 있을까 회의가 들었습니다. 방학 내내 학원에서 공부만 하다 보면 스트레스가 더 심해질 것 같았습니다. 무엇보다 적지 않은 학원비 내역을 보니 덜컥 걱정되었습니다. 3년 동안 이렇게 많은 학원비를 내야 한다니 돈이 아깝다는 생각이 들었어요. 아이의 불안을 줄여줄 방법과 학원비를 아낄 구실을 찾아야겠다는 생각이 들었습니다. 며칠 동안 고민한 끝에 아이에게 어학연수를 빙자한 휴식을 제안했습니다.

"여름방학 동안 학원에 다니지 말고 어학연수를 가는 건 어때? 학교를 그만둘 생각까지 한 마당에 뭐 하러 그렇게 치열하게 공부하니? 불어 배우고 싶다고 했지? 몬트리올에 가서 한 달 동안 불어만 배우고 학교 공부는 하지 마. 인생에 한 달 정도는 그냥 놀아도 돼. 공부하지 마."

나는 확신에 찬 어조로 단호하게 말했습니다. 아이는 의외라는 듯 놀랐어요. 대부분 친구가 학원에 가거나 스펙을 쌓기 위해 동분서주하는 동안 타지에 가서 입시와는 상관없는 시간을 보내라는 엄마 말을 이해하지 못했습니다. "정말 그래도 돼?" 라고 묻는 아이에게 "그래도 돼!"라며 안심시켰습니다.

주변에서 많은 사람이 시간 낭비라거나 "무모한 거야, 용감한 거야?"라며 곱지 않은 시선을 보냈습니다. 나도 나중에 후회하게 될까 봐 불안한 마음도 있었지만 아이가 눈치 채지 못하게 좀 더 단호하게 말했습니다. 사실, 될 대로 되라는 심정이었습니다.

겉으로 보이는 목적은 프랑스어 연수였습니다. 아무리 열심히 해도 겨우 한 달 만에 프랑스어 실력이 늘지 않을 거라는 것을 잘 알고 있었습니다. 게다가 어학연수 비용은 입시 학원에 다니는 비용보다 적지 않았습니다. 하지만 이상하게도 어학연수 비용은 아깝다는 생각이 들지 않았어요.

많은 입시 전문가나 학원 선생들은 입시에서 가장 중요한 시간은 고등학교 1학년 여름방학이라고 말합니다. 그때를 어떻게 보냈느냐에 따라서 계획이 바뀌고 목표가 달라진다고 했습니다. 그런데 그들은 초등학생이나 중학생에게도 그렇게 말하고, 고등학교 입시를 끝낸 중학교 3학년에게도 그렇게 말합니다. 고2가 돼도, 고3이 돼도 항상 지금이 가장 중요한 시기라며 아이들을 몰아세우고 대학교에 가서 실컷 놀라고 말합니다. 하지만 막상 대학에 입학하면 취업 준비에 쫓겨 마음 편히 쉴 수 없습니다.

우리 딸도 중학교 3년 동안 쉼 없이 공부했고 고등학교 입시를 마친 후에도 편히 쉬지 못했습니다. 고등학교 때 배울 것을 예습해야 한다는 강박 때문이었어요. 누구나 그렇게 하니 그래야 하는 줄 알았습니다.

어느 다큐멘터리 프로그램에서 질주하는 동물 떼를 본 적이 있어요. 어디로 가는지도 모르고 선두를 따라 맹렬하게 내달리더군요. 선두에서 달리는 동물의 우두머리는 자기 마음대로 질주를 멈출 수 없었습니다. 뒤따라오는 무리에게 밟혀 죽을 수 있고, 자칫하면 도미노처럼 다 같이 넘어져 무리 전체가 위험에 처할 수 있으니까요. 내 아이도 어디로, 왜 가는지도 모르는 채 무작정 내달리는 것처럼 보였습니다. 할 수만 있다면 잠시라도 그 무리에서 내 아이를 쏙 빼내고 싶었습니다. 다시 제자리로 돌려보낼 수 있을지 걱정되면서도 남들 다 하는 방식으로 같은 길을 따라가게 두고 싶지 않았습니다. 맹목적으로 내달리는 것보다 한 번씩 쉬는 시간을 갖고 자기 자신을 객관적으로 볼 수 있는 시간이 필요해 보였습니다.

한국의 아이들과 부모들에게 좋아하는 것이 무엇인지 물어보면 대부분 진로와 학교 공부, 입시와 관련 있는 것을 말합니다. 나는 그런 부모가 되고 싶지 않았습니다. 그래서 아이들이 어릴 때부터 자연스럽게 의견을 나누며 아이들 스스로 자신의 진로를 선택할 수 있는 분위기를 만들어줬다고 생각했습니다. 아이들이 무엇을 좋아하고 잘하는지, 무엇을 하고 살면 좋을지, 어떤 사람으로 살아가길 바라는지 엄마로서 잘 안다고 생각했습니다. 대학교 이름에 연연하지 않고 주변의 시선에 신경 쓰지 않는 단단한 아이로 키웠다고 생각했습니다. 아이의 가치관에 좋은 영향을 주고 옳은 판단을 할 수 있도록 도와줬을 뿐 내 방식과 의지대로 아이들을 끌고 가지 않으려고 노력했습니다.

그런데 예상보다 강한 경쟁자들 앞에서 어찌할 바를 모르는 아이를 보면서 내 교육 방식과 신념이 잘못됐거나 가식적인 건 아니었을까 의심이 들었습니다. 아이에게 학교 성적에 연연하지 말라고 말했지만, 정작 행동이나 분위기로 공부에 압박을 주고 획일화된 성공을 강요한 것은 아닌지 되돌아보게 되었어요. 아이와 나 모두에게 생각하고 반추할 시간이 필요했습니다. 학교와의 단절, 부모와의 단절, 최대한 모든 것으로부터 멀어져야 가능할 것 같았습니다.

아이에게 캐나다에 가면 학교 공부는 완전히 잊고 놀다 오라고 했습니다. 입시와 연관 짓지 말고 앞으로 무엇을 하고 싶은지, 좋아하는 것이 무엇인지 생각해보라고 했어요. 엄마와 주변 환경에 영향 받지 않고 혼자 생각할 시간을 가져보라고 했습니다.

첫 아이, 처음 겪어보는 입시였기 때문에 나도 불안했습니다. 나중에 후회할 것 같아 망설여지기도 했습니다. 하지만 나는 무모한 듯 용감하게 밀어붙였습니다. 그렇게 아이는 난생처음 엄마 없는 곳에 가서 한 달 동안 살았습니다. 혼자 어린 아들 둘을 키우는 동구권 이민자 집에서 홈스테이를 했습니다. 주거환경도 열악하고 여러 가지로 편치 않았을 거예요. 하지만 다행히 아이는 한 달 만에 밝은 얼굴로 돌아왔습니다. 내가 요구한 대로 캐나다에 머무는 동안 학교 공부를 하지 않고 읽고 싶은 책을 실컷 읽고 게으름 피우며 놀다 왔다고 합니다.

아이의 자존감을 높이기 위해 엄마가 할 수 있는 일

캐나다에서 돌아온 아이는 별로 달라진 것 없어 보였습니다. 아무것도 변한 것 없는 세상 속으로 돌아가 허비한 시간만큼 더 치열하게 공부해야 한다는 부담감이 커진 것 같았어요. 아이는 여름방학이 끝나고 다시 학교 기숙사로 돌아갔습니다. 그런데 여름방학 전보다 훨씬 편안해 보였어요. 시간이 지난 만큼 적응이 된 것이라 생각했습니다.

어느 날 아이와 산책을 하며 이런저런 이야기를 나누었습니다. 그런데 아이가 대화의 맥락과 전혀 상관없이 혼잣말을 툭 뱉었어요. "인생 뭐 있나. 다들 그냥 살다 가는 건데. 꼭 뭔가를 이루어야 하는 건 아니니까." 해탈의 경지에 이른 도인처럼 알 수 없는 웃음을 지으며 말하는 아이를 보고 나는 등골이 서늘해졌습니다. 무엇인가 '포기'를 하겠다는 말처럼 들렸거든요. 포기할 것만 포기하면 좋은데 사춘기 고등학생은 가끔 포기하지 말아야 할 것까지 모두 놓아버리기도 하니까요.

무슨 생각으로 그런 말을 하는지 물었습니다. 그랬더니 캐나다에 머무는 동안 초등학교 동창들을 만난 이야기를 들려주었습니다. 아이는 야간 버스를 타고 여덟 시간이나 달려 어릴 때 살던 마을에 가서 그리웠던 친구들을 만났다고 했습니다. 초등학교 때 같은 영재 프로그램 반에서 친했던 아이들이라 나도 그 아이들의 배경과 됨됨이를 알고 있던 터였습니다.

친구들은 여전히 공부 잘하고 학교생활도 잘하는 모범생으로 자랐더랍니다. 그런데 진로에 대한 계획이나 학교생활, 세상을 보는 눈은 한국의 고등학생들과 많이 달랐다고 해요. 어느 누구도 명문대학이나 좋은 직업을 위해서 경쟁하지 않는 것 같아서 내심 충격이었다고 했습니다. 클럽활동이 얼마나 재미있는지, 최근에 읽은 책이 자신들의 생각을 어떻게 바꾸었는지, 정치인이나 사회적 지도자들의 동향과 그들의 이념이 사회에 어떤 영향을 미치는지를 주제로 몇 시간씩 의견을 나누었지만, 진로에 대해서 만큼은 하나같이 시큰둥하더랍니다. 4년제 대학교에 진학하는 것이 필수도 아니고 대학교 이름에 연연하지 않더랍니다. 평생 취미생활을 즐기며 사는 게 꿈이라고 말하는 아이들을 보며 처음에는 한심하게 여겨지기까지 했다고 했어요. 전교생이 명문대학교 합격을 목표로 밤낮없이 공부하는 특목고 학생들과 캐나다 고등학생들의 가치관이나 생활 태도가 너무 달라 이해할 수 없었다고 했습니다.

편안하게 고등학교에 다니고 있는 친구들이 부러워서 캐나다에서 학교에 다니고 싶다는 생각도 들었답니다. 하지만 도망자처럼 한국을 떠나는 것도 싫더랍니다. 그렇다고 무시무시한 경쟁 속에서 승리할 자신도 없었답니다. 어떻게 하면 도망치지 않고 살아남을 수 있을지 고민하다 보니 '경쟁'에 대해서 다시 생각하게 됐다고 해요. 그리고 타인을 경쟁상대로 놓고 승패를 가름하다 보면 스스로 지치고 상처받을 수밖에 없다는 결론을 내렸답니다. 방학을 마치고 다시 학교로 돌아가 보니 모든 것은 그대로였지만 다른 아이들이 잘하는 것을 본인도 반드시 잘해야 한다고 생각하지 않자 마음이 편해졌다고 했어요.

날마다 '나의 유일한 경쟁상대는 어제의 나다'라는 어구를 되뇌면서 주변 친구들을 **경쟁상대로 보지 않는 연습**을 했답니다. 그랬더니 본인이 못하는 과목을 잘하는 친구가 옆에 있어서 다행이라는 생각이 들었대요. 언제든지 모르는 것을 물어볼 수 있으니까요. 부럽기만 하던 운동 잘하는 친구가 어느 날부터 멋있어 보였대요. 자신보다 잘난 친구들을 보면서 열등감을 느끼기보다 도움을 청하고 응원하다 보니 자신과 다른 능력을 갖춘 친구를 경쟁상대로 생각할 필요가 없다는 것을 깨달았다고 했습니다. 캐나다 친구들은 각자 다른 능력을 갖추고 있지만 남이 잘하는 것을 본인이 더 잘하고 싶어 하거나 시기하지 않아서 마음이 편했던 게 아닌가 하는 생각이 들었다고 했어요.

아이의 초등학교 친구들은 살아온 배경과 가정 환경이 제각각입니다. 그래서 그런지 삶의 지향점도 다 달랐다고 해요. 어릴 때 가장 공부를 잘했던 아이는 전문대학교에 가서 꼭 필요한 것만 배워 빨리 사회에 나가고 싶어 했다고 해요. 그 말을 듣고 우리 딸은 처음에는 쉽게 이해할 수 없었다고 해요. "여섯 명이 모여서 놀았는데 전공은 물론이고 같은 학교를 목표로 하는 애가 하나도 없었어. 그러고 보니 초등학교 때부터 잘하는 것도, 좋아하는 것도 제각각이었어." 아이는 캐나다 친구들 이름을 하나하나 짚어가며 누구는 뭘 좋아했고 앞으로 뭐가 되고 싶은지 얘기해주었습니다.

가만히 아이가 하는 말을 듣다 보니 그 친구들의 초등학교 때 모습이 떠올랐습니다. 가정 형편도 제각각이고 좋아하는 것, 잘하는 것도 다른 아이들이 오로지 같은 반이었다는 이유만으로 친해질 수 있었던 것이 신기하게 느껴졌습니다. 친구들끼리 서로 부러워하거나 시샘하지 않았고 부모들끼리도 비교 대상이 될 수 없었습니다.

한국의 고등학생은 같은 목표를 가지고 좋든 싫든 같은 것을 다 잘하려고 하다 보니 옆에 있는 친구와 비교를 당합니다. 너나

할 것 없이 '명성'을 중요하게 생각하고, 남들의 눈과 주변의 기대에 부응하고 싶어 합니다. 모두 같은 학교를 목표로 하다 보니 남과 다른 사람은 이상한 사람 취급을 당하거나 낙오자처럼 보입니다. 내가 잘하는 것과 좋아하는 것보다 남들에게 인정받기를 바라고 사회적 기준대로 성장합니다.

우리 큰딸도 한국에 돌아와 중학교에 다닐 때는 다른 아이들이 잘하는 것, 모두가 잘하고 싶어 하는 것을 본인도 잘하려고 애썼어요. 명문대학교가 어떤 의미인지도 모르면서 남들이 좋다는 학교가 내가 가고 싶은 학교가 됐습니다. 목표가 같은 아이들끼리 모여 있는 학교에서의 경쟁은 치열할 수밖에 없습니다. 그랬던 큰딸이 캐나다에서 어릴 때 친구들의 모습을 보고 '내려놓기'를 터득하고 돌아왔습니다.

"나보다 수학을 잘하는 친구에게 도움을 청하고 운동 잘하는 친구를 응원하고 토론 잘하는 친구와 팀을 이루어 대회에 출전하다 보면 내가 다른 아이들을 도울 수 있는 게 무엇인지 알게 되겠지. 어차피 남과 똑같은 것을 잘할 수 없고 혼자 모든 것을 해야 하는 것은 아니니까."

산책을 마치고 기숙사에 돌아가던 아이가 나에게 한 말입니다. 아이는 마치 세상의 이치를 모두 깨달을 것처럼 말했지만, 한 번의 통찰이 태도와 생각을 완전히 바꿀 수는 없었던지 조바심에서 완전히 벗어나지는 못했습니다. 다른 아이들이 방학 동안 이룬 성과를 부러워했습니다. 어학연수를 가서 시간을 허비한 것을 조금 후회하기도 했습니다. 하지만 자신의 상황을 좀 더 객관적으로 보려고 노력했습니다. 아이 스스로 파국으로 치닫지 않는 방법을 터득해나갔습니다.

그럼에도 불구하고 날마다 자신을 다독이지 않으면 열등감이 불쑥 고개를 들곤 한다며 괴로워했습니다. 나는 한국 사회에서, 더구나 능력도 의지도 뛰어난 아이들만 모인 학교에서 사이코패스가 아니라면 열등감에서 자유로운 아이는 없을 거라며 위로했습니다.

주변의 경쟁자와 비교하며 주눅 들거나 경쟁에서 이기려고 자신을 괴롭히기만 했다면 아이는 결코 고등학교 3년을 성공적으로 마치지 못했을 거예요.

아이의 조바심은 늘 주목받던 영광을 더 이상 이어갈 수 없을지도 모른다는 불안과 자신의 욕구를 만족할 만한 성과를 낼 수 없을 거라는 강박에서 비롯된 것이었습니다. 더구나 한국의 고등학교, 특히 특목고의 환경은 아이의 자존감을 무너뜨리고 불안감을 부추기기에 충분했습니다. 돌아보면 아이의 불안은 아이를 채찍질하고 성과를 낼 수 있는 원동력이 되었습니다. 하지만 불안은 자칫하면 정신질환이나 육체적 질병을 불러올 수 있는 무서운 감정입니다. 부모까지 덩달아 조바심 내고 입시 성과에만 매달린다면 아이의 중압감은 더욱 커질 게 분명합니다. 더구나 우리 큰딸처럼 기질적으로 성취욕이 높고 예민한 아이라면 부모의 한마디에 큰 상처를 입을 수 있습니다.

나는 아이의 정서적 안정과 자존감, 자신을 믿는 힘을 길러주기 위해 최선을 다했습니다. 지금도 여전히 원하는 바를 이루기 위해 스스로 채찍질하는 아이를 보면서 안타까움과 대견함을 동시에 느낍니다. 하지만 무엇보다 중요한 것은 정신적, 육체적 건강입니다. 나는 적어도 아이를 채근하고 책망하며 불안을 부추기는 엄마로 기억되지 않기를 바랍니다.

죽음 앞에 마주 서서야 아이들을 어떻게 대해야 할지 깨달았습니다

나는 아이들의 교육에 있어서만큼은 다른 부모들에 비해서 느긋한 편입니다. 고등학교 3학년인 큰딸이 입시 때문에 시간에 쫓길 때 아이들과 외국의 휴양지로 여행을 떠난 적이 있어요. 그때 가까운 지인이 나에게 '무슨 자신감'이 그런 짓을 하게 하는지 물었습니다. 우리 큰딸이 고등학교 1학년 여름방학 때 학원에 다니지 않고 어학연수를 떠난 것을 알고 있는 사람인지라 내가 때때로 '기행'을 저지른다고 생각하는 사람이었습니다. 내가 주말마다 아이들을 데리고 산책을 하거나 시장에 다니는 것도 모자라 고등학교 3학년 아이를 데리고 며칠씩 여행을 떠난 게 아무래도 이해할 수 없었던 것 같아요. 그때 나는 "아이가 좋은 대학교에 가는 것보다 정신적으로 건강하길 바란다"고 말했습니다. 그리고 덧붙여 내가 죽음 앞에 서보니 세상에 진짜 중요한 것은 사회적 성공이 아니더라는 말도 했습니다.

엄마의 죽음 앞에서 아이들은 어떤 처지에 놓이게 될까? 어떤 생각을 하게 될까? 어린아이들을 두고 그런 상상을 하고 싶은 엄마는 아무도 없을 거예요. 나도 언제든 죽음은 불시에 다가올 수 있다는 것을 알고 있었지만, 일상생활을 하며 죽음을 떠올려본 적은 많지 않았습니다. 그런데 나는 30대 후반에 자칫 죽을 수도 있는 무서운 병에 걸렸습니다. 그때 우리 딸들은 고작 초등학교 5학년과 유치원생이었습니다.

당시 나는 의외로 병을 담담히 받아들였고 죽음에 대한 두려움도 크지 않았습니다. 죽을지도 모른다는 불안은 오히려 나를 차분하게 만들었어요. 내가 죽음 앞에서 아쉬운 것이 무엇인가 생각해보니 아직 어린 딸들에게 충분히 사랑을 주지 못한 것이었어요. 아이들이 꼭 필요한 순간에 엄마가 옆에 없어서 겪게 될 어려움과 상처도 안타까웠습니다. 죽음 앞에서 내가 걱정하는 것은 나 자신의 이루지 못한 꿈이나 누려보지 못한 영화 따위가 아니라 우리 딸들이었습니다.

나는 금방이라도 아이들만 두고 떠나게 될까 두려운 마음을 다독이며 남은 시간 동안 어떤 엄마로 살 것인가 생각해봤어요. 그러다 보니 그동안 나는 어떤 엄마였는지 돌아보게 됐습니다. 나쁜 엄마는 아니었을지 모르지만, 세상의 기준을 더 중요하게 여기느라 때로는 아이들에게 매몰차고 무서운 역할을 했다는 것을 깨달았습니다. 사회적 성공이 행복을 보장하지 않는다는 것을 뻔히 알면서도 암묵적으로 사회적 성공의 기준을 정해놓고 아이들이 당연히 성취하게 될 거라고 믿었습니다. 하지만 그런 것들이 얼마나 부질없는 것인지 죽음을 맞닥트리고서야 알게 되었습니다. 내가 너무 일찍 죽어 버렸을 때 아이들이 받게 될 고통과 마음의 상처를 걱정하면서 정작 살아 있는 동안 아무렇지도 않게 아이들에게 상처를 주고 있는 것은 아닌지 돌아봤습니다.

우리는 모두 죽음을 피해갈 수 없다는 것을 알지만 마치 영원히 살 것처럼 하루하루를 살아갑니다. 그래서 생기는 오류가 있습니다. 행복보다 성공을 향해 내달리는 것입니다. 아이들을 사랑하면서도 성공하지 못하면 나무라고 조롱하기까지 합니다. 하마터면 나도 그렇게 살 뻔했습니다. 다행히 나는 죽음을 목전에 두고 인생을 돌아보고 교육관과 가치관을 수정할 기회를 얻었습니다. 그래서 나는 아이들을 대하는 태도부터 고치기로 했습니다.

나는 먼 훗날 우리 딸들이 나를 떠올릴 때 기분이 좋아지기를 바랐습니다. 적어도 아이들이 나에게 받은 상처 때문에 평생을 괴로워하고 나를 원망하지 않았으면 좋겠다고 생각했습니다. 그래서 내가 원하는 방향보다 아이들이 가고 싶은 쪽으로 함께 걸으며, 가시 박힌 말을 하지 않기로 했습니다. 만약 나도 모르게 아이들에게 잘못을 저질렀다면 깨닫는 즉시 사과하기로 했습니다. 늦더라도 기다려주고 미숙하더라도 응원해주기로 했습니다. 내가 얼마나 부족한 사람인지 잘 알면서 아이들에게 완벽하길 바랄 수는 없는 노릇이고, 내가 하기 싫었던 것을 아이들에게 강요할 수 없다는 걸 날마다 되새겼습니다. 다행히 나는 일찍 병을 발견한 덕에 큰 육체적 고통 없이 수월하게 치료받을 수 있었고, 그 후로 건강하게 잘 지내고 있습니다.

그런데 몸이 나아지니 아팠을 때 했던 다짐들을 지키기 쉽지 않았습니다. 나 자신을 향해 너그럽지 못했기 때문입니다. 스스로 조바심내고 현실에 만족하지 못하다보니 자연스럽게 아이들에게도 똑같이 대하게 됐습니다. 그래서 나는 매일 죽음 앞에 마주 선 사람처럼, 욕심을 버리고 나 자신을 용서하고 사랑하며 느긋해지기로 했습니다.

물론 나는 여전히 원하는 대로 살고 있지 못합니다. 하지 말자고 다짐하면서도 아이들에게 해서는 안 될 말을 하고, 조급한 마음에 독촉하기도 합니다. 그럴 때마다 세상에서 가장 중요한 것이 무엇인지, 죽음의 순간에 무엇이 가장 후회스러울지 생각합니다. 자꾸 죽음을 생각하면 세상이 어둡고 침울하게 보일 것 같지만, 사실 더 너그러워지고 모든 것이 사랑스러워집니다.

✦ 에필로그 ✦

복기하며
앞으로 나아가기

이 책을 쓰는 데 예상보다 긴 시간을 보냈습니다. 코로나가 유행하기 시작할 때는 영국에서 대학원을 다니고 있는 큰딸과 캐나다에서 대학교에 다니고 있는 작은딸의 안전이 걱정스러워 내 곁으로 불러들였지만, 막상 아이들이 집에 돌아와 오랜 시간 함께 지내다 보니 글쓰기에 집중할 수 없었습니다.

게다가 지난 세월과 아이들의 성장기를 돌아보다 보니 내가 무슨 글을 쓰려고 했는지, 글을 쓰기 시작한 목적이 무엇이었는지 혼란스러워질 정도로 실수하고 실패한 기억만 떠올랐습니다. 특히 아이들과 관련된 후회는 다른 어떤 것보다 뼈아팠습니다. 어느 시점으로 돌아가 잘못을 바로잡고 싶어질 때도 있었습니다. 하지만 과거로 돌아가 그 일을 바로잡는다고 해도 결국 또 다른 잘못을 저지를 게 분명하니 평생 앞으로 나가지는 못하고 잘못을 바로잡는 데 인생을 허비하게 될 거라는 데 생각이 다다랐습니다.

세상에 누구도 후회하지 않는 삶을 살 수는 없습니다. 사람들은 누구나 지난날을 후회하지만 용서하고 용서받으며 다시 앞으로 나갑니다.

마치 어릴 때 학교 숙제로 일기를 쓰다가 그날 일을 돌아보게 되는 것처럼, 글을 쓰며 인생 전체를 복기하고 성찰하는 시간을 갖게 되었습니다. 이런 시간을 갖도록 기회를 주신 출판사와 편집자님에게 감사드립니다.

그리고 우리 딸들이 없었다면 나는 이 글을 마무리할 수 없었을 거예요. 애초에 글쓰기를 시작할 수 있었던 것도 나의 미천한 재능과 욕구를 눈치 챈 딸들이 끊임없이 나를 독려한 덕분입니다. 내가 딸들에게 자주 하던 말이 있습니다. "못해도 괜찮으니 시도해봐. 반드시 잘해야 하는 것은 아니잖아?" 그런데 이제 성인이 된 우리 딸들이 나에게 이 말을 그대로 합니다.

내가 처음 계획대로 글을 마무리할 수 있었던 것도 내 곁에서 글을 읽고 의견을 나누어준 딸들의 격려와 응원 덕분입니다. 내가 딸들을 키운 것 같지만 20년 이상을 함께 살면서 우리 딸들이 나를 성장시켰다는 것을 다시 한 번 깨닫는 중입니다.

내가 이 글을 쓸 기회를 얻은 것은 우리 딸들이 입시에 성공한 덕분입니다. 하지만 인생 전체를 놓고 봤을 때 입시는 작은 관문일 뿐입니다. 독자들에게 나의 가치관이 옳다고만 주장할 수도 없고 내가 해온 방식대로만 아이들을 키우라고 말할 수 없습니다. 사람마다 처한 상황이 다르고 경험이 다르고 성향이 다르기 때문입니다. 하지만 나는 자신에게 맞는 방법으로 아이들에게 상처 주지 않고 아이들과 함께 성장하는 길을 가라고 말해주고 싶습니다.

대부분 부모는 자녀가 사회적으로 성공했지만 마음속에 상처 때문에 삶을 갉아먹는 것보다 자기에게 맞는 자리에서 행복하길 바랄 거예요. 무엇보다 사회적 역할을 원만히 할 수 있으려면 어릴 때 자신감과 자존감을 잃지 않도록 건강하게 키워내야 한다는 것도 알고 있습니다.

팬더믹 탓에 모두 우울한 시간을 보내고 있지만, 사랑하는 사람이 곁에 있으므로 우리는 잘 헤쳐 나갈 거라고 믿습니다. 그래서 나는 오늘도 어제를 돌아보고 후회하기도 하고 용기를 얻기도 하면서 하루를 살아갑니다. 이 모든 것이 내가 사랑하는 딸들 덕분입니다. 우리 딸들도 과거를 복기하며 현재를 충실히 살다가 어느 날 후회되는 일이 있더라도 용기 내어 앞으로 나아가기를 바랍니다. 사랑합니다.

하버드맘의 공부 수업

초판 1쇄 인쇄 2021년 6월 14일
초판 1쇄 발행 2021년 6월 25일

지은이 장혜진
펴낸이 김남전

편집장 유다형 | **기획 · 책임편집** 서선행(hamyal@naver.com) | **디자인** 정란 | **외주교정** 이하정
마케팅 정상원 한웅 정용민 김건우 | **경영관리** 임종열 김하은

펴낸곳 ㈜가나문화콘텐츠 | **출판 등록** 2002년 2월 15일 제10-2308호
주소 경기도 고양시 덕양구 호원길 3-2
전화 02-717-5494(편집부) 02-332-7755(관리부) | **팩스** 02-324-9944
홈페이지 ganapub.com | **포스트** post.naver.com/ganapub1
페이스북 facebook.com/ganapub1 | **인스타그램** instagram.com/ganapub1

ISBN 978-89-5736-248-8 (03590)